吉娃娃犬

哈士奇雪橇犬

巴 哥 犬

巴塞特猎犬

松 狮 犬

德国牧羊犬

比格猎犬

沙 皮 犬

波士顿梗犬

腊 肠 犬

贵 宾 犬

大白熊犬

波音达犬

迷你雪纳瑞犬

金毛寻回犬

阿富汗猎犬

博 美 犬

秋 田 犬

罗威那犬

西伯利亚雪橇犬

坐 下

握 手

打 滚

随 行

跳 圈

叼 飞 盘

翻越障碍

家庭养狗实用手册

董大萍　编著

金盾出版社

这是一本专门介绍家庭养狗知识的大众科普读物。书中针对广大宠物爱好者的实际需求，采用手册的编写形式，对家庭养狗过程中经常遇到的各种具体问题及解决办法，一一作了详尽解答。本书内容翔实，科学实用，简明扼要，易懂好学，不仅是家庭养狗的必备工具书，对于从事宠物狗养殖、管理、美容、治疗行业的人士来说，也很有学习参考价值。

图书在版编目(CIP)数据

家庭养狗实用手册/董大萍编著.—北京 ：金盾出版社，2017.3(2017.9 重印)

ISBN 978-7-5186-1161-4

Ⅰ.①家… Ⅱ.①董… Ⅲ.①犬—驯养—手册 Ⅳ.①S829.2-62

中国版本图书馆 CIP 数据核字(2017)第 012449 号

金盾出版社出版、总发行

北京太平路 5 号(地铁万寿路站往南)

邮政编码：100036 电话：68214039 83219215

传真：68276683 网址：www.jdcbs.cn

北京天宇星印刷厂印刷、装订

各地新华书店经销

开本：880×1230 1/32 印张：6.25 彩页：8 字数：115 千字

2017 年 9 月第 1 版第 2 次印刷

印数：3 001～6 000 册 定价：20.00 元

前 言

你正在考虑养条宠物狗吗？或者刚刚从亲友家中抱养了一只幼犬？在你满怀希望准备享受它所带来的快乐的时候，你是否意识到你应该担负起的责任？

如果在此之前你从未养过狗，那么你很快就会发现事情绝非你想像的那么简单，它非常淘气，麻烦不断，照料一只宠物狗也不仅仅是每天给它点吃的，有时间就带它出去遛遛……

本书主要为你解决宠物狗的挑选、喂养、美容、训练以及疾病的治疗等各个方面的问题。狗的品种繁多，究竟选择什么样的狗比较合适，要根据居住条件、生活方式以及个人的喜好来决定。本书第二章为读者介绍了适合家庭驯养的宠物狗品种，帮助你选择一条健康、体型结构完美的宠物狗。

第三章将告诉你爱犬每天所需要的营养，以便根据它不同生长阶段而配制食物，还有喂养管理方面的注意事项，其中提到一些你从未考虑过的问题。

宠物狗的训练是本书最重要的内容，你将了解到如何引导和训练新来的小家伙，将它塑造成机警勇敢、具有服从性的宠物狗。没有经过调教训练的宠物狗行为散漫，没有约束，给主人带来很多麻烦，比如吠叫不停、随地大小便、任意攻击人和其它动物等，此时好言相劝没有任何作用，这只能让它误以为你认同它的行为；但如果你用以暴制暴的态度来惩罚它，只能让问题更加严重。所以我们一再强调对宠物狗要进行服从性训练。

本书内容系统全面，科学实用，具有很强的可操作性，力求把家庭养狗过程中可能遇到的各种问题都包括在内，非常适合准备养狗或已经养狗但缺乏喂养调教经验的读者朋友学习参考。

编　者

一、狗的特性和养狗准备

1. 养狗人的责任 …………………………………… (1)
2. 狗的感觉机能 …………………………………… (2)
(1)嗅觉极其灵敏 ………………………………… (3)
(2)听觉灵敏 ……………………………………… (3)
(3)视觉较差 ……………………………………… (4)
(4)其他生理特性 ………………………………… (4)
3. 宠物狗的行为特征 ……………………………… (5)
4. 宠物狗的心理特点 ……………………………… (5)
(1)忠于主人 ……………………………………… (6)
(2)天生胆小 ……………………………………… (6)
(3)表情多样 ……………………………………… (6)
(4)领地保护意识 ………………………………… (7)
(5)群体意识 ……………………………………… (7)

(6)没有固定的睡眠时间 …………………………… (8)
5. 宠物狗的身体语言 …………………………………… (8)
(1)吠叫 ………………………………………………… (9)
(2)情感表达 …………………………………………… (9)
(3)用尿液传递信息 ………………………………… (10)
6. 挑选宠物狗 ……………………………………… (10)
(1)挑选幼犬绝招 …………………………………… (10)
(2)挑选健康的宠物狗 ……………………………… (11)
(3)宠物狗的血统 …………………………………… (12)
(4)最受欢迎的宠物狗 ……………………………… (13)
(5)宠物狗的寿命 …………………………………… (14)
(6)开车带它回家的注意事项 ……………………… (14)
7. 安置你的新朋友 ………………………………… (14)
(1)宠物狗的室内住所 ……………………………… (15)
(2)室外狗舍的建造 ………………………………… (16)
(3)家庭安全检查 …………………………………… (16)
(4)抱狗的方法 ……………………………………… (17)
(5)带它回家后应做什么? ………………………… (18)
(6)让它适应你的家 ………………………………… (18)

二、狗的分类和品种

1. 狗的分类方式 …………………………………… (20)
(1)猎犬 ……………………………………………… (20)
(2)枪猎犬 …………………………………………… (21)

(3)工作犬 …………………………………………………… (21)
(4)梗犬 ……………………………………………………… (21)
(5)玩赏犬 …………………………………………………… (22)
(6)伴侣犬 …………………………………………………… (22)
2. 目前流行的宠物狗品种 ………………………………… (23)
(1)北京犬 …………………………………………………… (23)
(2)卷毛比熊犬 ……………………………………………… (24)
(3)大丹犬 …………………………………………………… (24)
(4)西施犬 …………………………………………………… (25)
(5)巴哥犬 …………………………………………………… (26)
(6)巴赛特猎犬 ……………………………………………… (26)
(7)沙皮犬 …………………………………………………… (27)
(8)阿富汗猎犬 ……………………………………………… (28)
(9)比格猎犬 ………………………………………………… (29)
(10)蝴蝶犬 …………………………………………………… (29)
(11)波士顿梗犬 ……………………………………………… (30)
(12)约克夏犬 ………………………………………………… (31)
(13)博美犬 …………………………………………………… (32)
(14)德国牧羊犬 ……………………………………………… (32)
(15)贵宾犬 …………………………………………………… (33)
(16)吉娃娃 …………………………………………………… (34)
(17)金毛寻回犬 ……………………………………………… (35)
(18)拉布拉多犬 ……………………………………………… (35)
(19)腊肠犬 …………………………………………………… (36)
(20)雪纳瑞犬 ………………………………………………… (36)
(21)波音达犬 ………………………………………………… (37)

(22)哈士奇雪橇犬 …………………………………… (38)

三、狗的食物及喂养

1. 宠物狗的基本营养需要 ………………………… (39)
(1)水 ………………………………………………… (39)
(2)蛋白质 …………………………………………… (40)
(3)脂肪 ……………………………………………… (40)
(4)糖类 ……………………………………………… (41)
(5)维生素 …………………………………………… (41)
(6)矿物质 …………………………………………… (42)
2. 成年狗的食物 …………………………………… (43)
(1)日粮的配制 ……………………………………… (43)
(2)罐装狗粮 ………………………………………… (44)
(3)颗粒狗粮 ………………………………………… (45)
(4)自制食物和狗粮的对比 ………………………… (45)
(5)零食和咀嚼物 …………………………………… (46)
(6)爱犬食具的选购 ………………………………… (46)
(7)不能喂狗的食物有哪些 ………………………… (47)
3. 幼犬的喂养 ……………………………………… (48)
(1)仔犬的人工哺乳 ………………………………… (48)
(2)断奶食物 ………………………………………… (49)
(3)幼犬不同阶段的饮食 …………………………… (50)
(4)喂养幼犬注意事项 ……………………………… (51)
(5)纠正幼犬偏食的习惯 …………………………… (51)

4. 喂养管理 …………………………………… (52)
(1)夏秋季节的喂养管理 ………………………… (52)
(2)定时定量喂食 ……………………………… (53)
(3)爱犬生病的喂养管理 ………………………… (53)
(4)照顾好老年宠物狗 …………………………… (54)
(5)爱犬的日常管理要点 ………………………… (55)
(6)喂养中容易出现的问题 ……………………… (55)

四、狗的清洁和美容

1. 美容准备 …………………………………… (57)
(1)梳理工具 …………………………………… (57)
(2)布置美容台 ………………………………… (58)
(3)让爱犬适应美容 …………………………… (59)
2. 头部美容 …………………………………… (60)
(1)眼部的清洁护理 …………………………… (60)
(2)耳道的清洁护理 …………………………… (60)
(3)牙齿的清洁护理 …………………………… (61)
3. 皮毛梳理 …………………………………… (62)
(1)梳毛的方法 ………………………………… (62)
(2)短毛犬的梳理 ……………………………… (63)
(3)中长毛犬的梳理 …………………………… (64)
(4)小型长毛犬的梳理 ………………………… (64)
(5)发髻设计 …………………………………… (65)
(6)大型长毛犬的梳理 ………………………… (66)

(7)卷毛狗的打理 …………………………………… (66)
(8)梳毛的好处 …………………………………… (67)
4. 洗澡 ……………………………………………… (68)
(1)洗浴场所 ……………………………………… (68)
(2)浴前准备 ……………………………………… (69)
(3)分步洗浴法 …………………………………… (69)
(4)吹干被毛 ……………………………………… (70)
(5)清洁爱犬的肛门囊 …………………………… (71)
5. 日常清洁护理 …………………………………… (71)
(1)爱犬美甲 ……………………………………… (72)
(2)敏感皮肤的护理 ……………………………… (72)
(3)清理跳蚤 ……………………………………… (73)
(4)毛团处理 ……………………………………… (75)
(5)爱犬被毛的保养 ……………………………… (76)
6. 被毛的修剪 ……………………………………… (77)
(1)修剪工具 ……………………………………… (77)
(2)北京犬的修剪美容 …………………………… (77)
(3)雪纳瑞犬的修剪美容 ………………………… (78)
(4)贵宾犬的修剪美容 …………………………… (79)
(5)约克夏犬的修剪美容 ………………………… (80)
(6)西施犬的修剪美容 …………………………… (81)

五、狗的训练与调教

1. 训练的理论基础 ………………………………… (82)

(1)驯狗的基本原则 …………………………………… (82)
(2)驯狗的主要手段和方法 …………………………… (83)
(3)训练时机的选择 …………………………………… (84)
(4)训练分三个阶段 …………………………………… (85)
2. 驯狗须知 ……………………………………………… (86)
(1)宠物狗的性格类型 ………………………………… (86)
(2)对于胆怯型宠物狗的特别训练 …………………… (87)
(3)宠物狗的记忆特点 ………………………………… (87)
(4)驯狗用具 …………………………………………… (88)
(5)驯狗的手势和口令 ………………………………… (89)
3. 幼犬的早期训练 ……………………………………… (90)
(1)取个好名字 ………………………………………… (90)
(2)与幼犬建立亲密关系 ……………………………… (91)
(3)树立主人权威 ……………………………………… (91)
(4)颈圈和绳子的牵引训练 …………………………… (92)
(5)幼犬和小孩 ………………………………………… (93)
(6)让幼犬学会叼东西 ………………………………… (94)
(7)控制吠叫 …………………………………………… (95)
(8)幼犬早期训练的意义 ……………………………… (95)
4. 基本训练 ……………………………………………… (96)
(1)训练宠物狗的注意力 ……………………………… (96)
(2)听口令过来的训练 ………………………………… (97)
(3)坐下的训练 ………………………………………… (98)
(4)训练爱犬耐心等待 ………………………………… (99)
(5)前进的训练 ………………………………………… (100)
(6)听口令吠叫和安静的训练 ………………………… (100)

(7)趴下的训练 …………………………………… (101)
(8)听口令停止和坐下的训练 ………………… (102)
(9)拒绝陌生人食物的训练 …………………… (102)
5. 家庭生活训练 …………………………………… (104)
(1)进出门时听口令 …………………………… (104)
(2)让爱犬学会等候食物 ……………………… (104)
(3)宠物狗大小便的训练 ……………………… (105)
(4)随行散步的训练 …………………………… (106)
(5)礼貌对待来访客人 ………………………… (107)
(6)安静休息的训练 …………………………… (107)
(7)文明进餐的训练 …………………………… (108)
(8)乘车训练 …………………………………… (109)
(9)与爱犬相处应注意什么? ………………… (110)
(10)爱犬玩具的选择 …………………………… (110)
6. 玩赏项目的训练 ………………………………… (111)
(1)钻圈训练 …………………………………… (111)
(2)优美站立姿势的训练 ……………………… (112)
(3)作揖的训练 ………………………………… (113)
(4)握手的训练 ………………………………… (113)
(5)翻滚训练 …………………………………… (114)
(6)鉴别气味的训练 …………………………… (115)
(7)为主人取物训练 …………………………… (115)
(8)训练跳舞 …………………………………… (116)
(9)跳高训练 …………………………………… (117)
(10)宠物狗参展姿势的训练 …………………… (117)
7. 与爱犬一起运动 ………………………………… (118)

(1)与爱犬做游戏 …… (118)
(2)宠物狗运动注意事项 …… (119)
(3)游泳的训练 …… (120)
(4)增强幼犬体质的运动 …… (121)
(5)与爱犬拔河比赛 …… (121)
(6)空中接物 …… (122)
8. 宠物狗常见行为问题的纠正 …… (123)
(1)支配性较强的表现 …… (123)
(2)无故吠叫的纠正 …… (124)
(3)扑人问题的纠正 …… (124)
(4)破坏行为的纠正 …… (125)
(5)异常攻击行为 …… (126)
(6)异食癖的纠正 …… (126)
(7)挖洞 …… (127)
9. 训练过程中容易出现的问题 …… (128)
(1)宠物狗的心理障碍 …… (128)
(2)驯狗人容易犯的错误 …… (128)
(3)惩罚的强度 …… (129)
(4)影响训练的因素 …… (129)

六、狗的繁育及照料

1. 发情 …… (131)
(1)母犬发情期的表现 …… (131)
(2)发情周期 …… (132)

(3)发情异常的情况 ……………………………… (133)
2. 为爱犬配种 ……………………………………… (133)
(1)选配优良品种狗 ……………………………… (133)
(2)交配过程 ……………………………………… (134)
(3)母犬怀孕的表现 ……………………………… (135)
(4)照料妊娠母犬 ………………………………… (137)
3. 为爱犬接生 ……………………………………… (137)
(1)母犬分娩前的准备 …………………………… (137)
(2)分娩过程 ……………………………………… (138)
(3)接生 …………………………………………… (139)
4. 产后工作 ………………………………………… (140)
(1)照料仔犬 ……………………………………… (140)
(2)产后母犬的护理 ……………………………… (141)
5. 切除卵巢和阉割 ………………………………… (142)

七、狗的疾病及防治

1. 关注爱犬的健康状况 …………………………… (143)
(1)观察爱犬 ……………………………………… (143)
(2)头部检查 ……………………………………… (144)
(3)测量体温和呼吸 ……………………………… (145)
(4)不同品种狗容易生的病有哪些? …………… (146)
(5)预防肥胖症 …………………………………… (146)
(6)爱犬眼睛的护理 ……………………………… (147)
(7)为什么北京犬爱打喷嚏? …………………… (148)

2. 防疫和保健 ……………………………………… (149)
(1)接种疫苗 …………………………………… (149)
(2)幼犬驱虫 …………………………………… (150)
(3)爱犬急救箱 ………………………………… (151)
(4)带它去宠物医院 …………………………… (152)
(5)手术后的护理 ……………………………… (153)
(6)喂药 ………………………………………… (153)
(7)打针 ………………………………………… (154)
3. 常见内科病 ……………………………………… (156)
(1)呕吐和腹泻 ………………………………… (156)
(2)口炎 ………………………………………… (157)
(3)胃炎 ………………………………………… (158)
(4)便秘 ………………………………………… (159)
(5)感冒和咳嗽 ………………………………… (160)
(6)肺炎 ………………………………………… (161)
(7)糖尿病 ……………………………………… (161)
4. 常见外科病 ……………………………………… (162)
(1)外伤的急救 ………………………………… (162)
(2)中暑的急救 ………………………………… (164)
(3)吞食异物的急救 …………………………… (164)
(4)中毒的急救 ………………………………… (165)
5. 常见寄生虫病 …………………………………… (166)
(1)犬蛔虫病 …………………………………… (166)
(2)疥螨病 ……………………………………… (167)
(3)耳螨病 ……………………………………… (167)
(4)弓形虫病 …………………………………… (168)

6. 常见传染病 …………………………………………………… (169)
(1)犬瘟热 ………………………………………………… (169)
(2)细小病毒病 …………………………………………… (170)
(3)狂犬病 ………………………………………………… (171)
(4)布氏杆菌病 …………………………………………… (172)
(5)破伤风 ………………………………………………… (173)
(6)皮肤病 ………………………………………………… (174)

一、狗的特性和养狗准备

当你把一只宠物狗带回家的那一刻，它的安全和幸福就完全掌握在你的手中，你能成为一位负责任的主人吗？

1. 养狗人的责任

在你决定养狗之前，首先要问自己一个问题，你是否能照料它一生一世？如果你在回答的时候有一丝的犹豫，那么就请放弃，还是考虑养条金鱼或者荷兰鼠吧。

过单身生活的人只要确认自己真的想养条狗，并且愿意承担所有的责任便可以了；但是，对于一个家庭来说，是需要和所有的家人一起讨论这件事情的。虽然养宠物是一个很好的教育孩子具有责任感的方法，但是家长必须明白一点：孩子为了得到一只可爱的小狗，会做出任何承诺，但这种热情持续不了多长时间。新鲜感过后，谁来照顾小狗呢？

还有清洁美容的问题，一只皮毛光滑亮丽的宠物狗当然使人赏心悦目，不过皮毛的养护工作可要花费不少时间。

即使是短毛狗也会在家中脱毛，长毛在地上还比较显眼，可短毛却又非常难以清理。在大多数的家庭里，女主人通常要担负起额外的照料宠物的工作，比如喂食、宠物美容和健康。

把养狗的渴望放在一边，我们先来考虑一下自己的生活方式是否适合喂养宠物。如果家里从早到晚都没有人，那么它孤零零是否会感到寂寞？

遗憾的是，有太多不负责任的人，他们随意地买只小狗，就像买一件可以随意摆弄的玩具。当主人搬家时，就把它当作可以随意处置的财产，或者因为它太不听话了、家人对狗过敏等原因而抛弃它。

宠物店里所有的狗都显得乖巧可爱，可是相处一段时间后，它就不那么吸引人了。即使你认为这只狗与理想中的一模一样，也要知道你并不是买回家一幅画，而是和一个有呼吸并且有依赖性的动物生活在一起。

2. 狗的感觉机能

狗作为狼的后裔，至今仍保留了很多狼的特性。比如，狼用自己的尿液和爪子上的臭腺来划定势力范围，狗也喜欢这么干；狼常常用嗥叫来呼唤同伴，而有时候，一条被独自关着的宠物狗也会发出狼一样的嗥叫，这是因为孤独唤起了它最原始的本能。此外，狗掩埋食物、服从头领等习性无不说明它与狼有着极深的渊源关系。

(1)嗅觉极其灵敏

狗的嗅觉在它的生活中占有重要的地位,它识别主人、辨别方位、鉴定同类性别、母子相认、寻找食物与猎物等都是通过嗅觉来完成。研究证明,借助风力狗能嗅到200米以外的气味。

狗根据留在街角的气味信息就可以知道这里曾经出现过哪些人和动物;它不仅能够通过人接触过的东西嗅出这个人的气味,而且能通过此人的气味辨别出他的情绪变化,常常被狗吠叫的人,他体内或许隐藏着刺激狗情绪的气味。

吃东西前它总是反复嗅几遍后才决定是否吃掉;遇到陌生人,狗总是要围着他嗅闻,这往往使胆小的人惊慌失措。

狗敏锐的嗅觉被人类利用在很多领域,警犬能够鉴别追踪犯罪分子的踪迹,搜救犬能够帮助寻找深埋于雪地、沙漠及倒塌建筑物等处的遇难者。

(2)听觉灵敏

狗的听觉是人的16倍,可以分辨出高频率和极低分贝的声音。它在睡觉时耳朵贴于地面,警惕倾听着直径4公里以内的声音,立耳犬比垂耳犬的听觉更为灵敏。

它对声源的辨别能力也很强,当它听见远处的声音时,会把耳朵与眼睛同时转向声源,这是它的特殊生理作用。

对于主人的口令,宠物狗是根据音调的变化建立条件反射的,它完全可以听到很轻的口令,声音过高对于它是一种刺激，使它有痛苦、惊恐的感觉。

(3)视觉较差

狗的视力较差，但视野开阔，它对物体的感知能力取决于该物体所处的状态。对静止的物体能看到50米之内，但对运动着的目标，可以看到825米以上的距离。它对前方的物体看得最清楚，但由于其头部转动灵活，所以，基本上是“眼观六路，耳听八方”。

狗是色盲，导盲犬能够辨别红绿灯，是根据两种颜色灯的光亮度区分的，但是它的暗视力比较灵敏，在黑夜里也能看清物体，这是夜行动物的特点。

(4)其他生理特性

①狗的味觉迟钝，吃东西时很少咀嚼，几乎是在吞食。它主要是靠嗅觉感知食物的气味，因此，配制狗粮要特别注意气味的调理。

②狗容易晕车，与其感觉功能的敏感有关；大多数狗的皮肤缺乏汗腺，因而对环境中的湿、热非常敏感，但其抗寒能力很强。

③它不喜欢酒精，在宠物医院给狗打针前，它会比较安静，但在擦了酒精后，立即会毛发直立，吠叫不止。

④狗根据距离判断安危，它判断陌生人的威胁程度主要是比较与自己视线的高低和距离的远近。对方越高大，距离越接近，它的戒备程度就越高；如果对方是小孩，或是蹲下来的成年人，那么它的戒备程度便会大大降低。

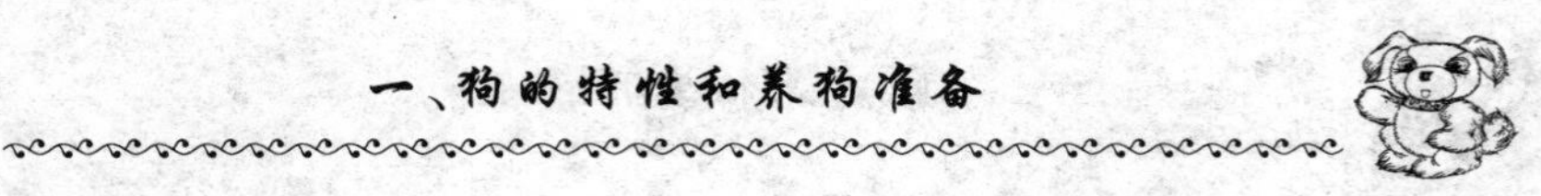

⑤对刺激敏感。狗的身上有很多敏感部位，比如头顶、嘴、臀部、爪，它不喜欢陌生人抚摸它的头部。

3. 宠物狗的行为特征

①游戏行为。主要表现是反复做一些无目的的活动，比如互相追逐、嬉戏等。

②狗与同类沟通的方式是互相嗅闻，这样一闻就知道对方的性别、年龄和来历；它在人身上磨蹭，既是表示友好，又是为了留下它的气味。

③几乎所有的狗都喜欢爬跨，爬跨的目标可能是主人的腿或比它等级低的小狗后背。两只幼犬在一起玩耍时爬跨是高兴的表现，成年公狗爬跨是为了显示自己的威风。

④狗喜欢舔主人的手和脸，这大概是一种本能的求食动作。幼犬舔它妈妈的脸，是在搜寻一些食物的残渣，同时它的妈妈也会反刍一些食物给它。

⑤宠物狗有定时定点排便的习性，一般在每天起床后、吃饭后或傍晚排便，室内养狗可以每天在上述时间带它到外面散步排便。

⑥狗有很强的记忆力，对主人的声音以及住址一生都不会忘记，甚至从千里之外能够找到回家的路。

4. 宠物狗的心理特点

如果狗能开口说话，那么它应该是人类最好的朋友。

(1)忠于主人

宠物狗在一定时期内只忠诚一个主人,它对自己的生活环境从不挑剔,无论贫富都会跟随主人身边。当它更换主人时,会非常伤心,表现为情绪低落,几天不吃饭。很长时间以后,再看到原来的主人时,仍然表现得异常兴奋。

也是因为忠诚于主人,所以它可以从千里之外回到原主人的家,当然这需要在它灵敏嗅觉的帮助下。

当你带一条成年狗回家时,要考虑到它有依恋原主人的心理,详细了解它原来的生活规律,尽快与它建立感情,转移它对原主的注意力。

(2)天生胆小

狗天生胆小,对火、光、死亡和很大的声音都有恐惧心理,甚至下雨时的电闪雷鸣也会把它吓得瑟瑟发抖;大多数狗讨厌火,但没有达到恐惧的程度,它的表现不是逃跑,而是小心地围着火吠叫。

狗对死亡有着强烈的恐惧感,主要是同类死后发出的气味,对活着的狗有一种强烈的刺激;狗还会对它不能理解的现象产生恐惧,比如没有生命气息的动物标本、发出声音的电动玩具、突然张开的伞等等。

害怕主人的狗,受到了主人的惩罚后,再听到主人的呼唤,它会朝相反的方向跑,然后才回到主人身边。

(3)表情多样

①高兴时的姿态:不停地摇动尾巴,目光温柔,身体也

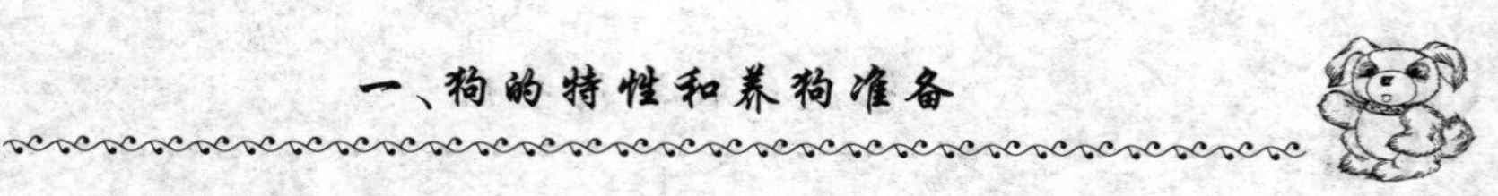

优美地扭动着，用前脚踏地，或在主人周围跳跃，发出甜美的鼻音；有时候也会趴下来，把头枕在前腿上，眼睛半闭，嘴微笑着向后咧，耳朵向后倾倒，这也是心情愉快的表示。

②悲伤和寂寞时，眼睛湿润，低垂脑袋，无精打采，可怜巴巴地望着主人，或躲到角落里用沉默表示自己的哀伤。

③愤怒时，瞳孔张开，变成可怕的眼神。如果它被毛竖立，前身伏下，呲牙咧嘴时，就是要发起进攻了。

④当它向另一条狗挑战时，会昂着头，目光紧紧盯着前方，身体绷紧，尾巴向上竖起，连脖子上的毛也会立起来。被挑战的狗如果屈服了，就会低下头向后退去，有时还会坐在地上，耳朵向后倒下，尾巴藏在身体下面。

(4)领地保护意识

狗有很强的占有心理，很重视对自己领地的保护，对领地内的各种物品包括主人的东西，都有很强的占有欲，正因为如此，养狗看家护院才非常有效。

领地意识只限于主人家周围地区，当它走出这个范围，领地意识就会消失。如果搬到一个新的地方，宠物狗需要10天左右才能建立起新的领地范围，在此期间，主人必须对它严加管理，以免追逐人或咬人。

(5)群体意识

群体是一个社会，群体意识体现在每个成员受集体的保护，同样当群体遭遇危险的时候，个体成员也会毫不犹豫地挺身而出。

狗的群体意识尤其强烈，当它与人类结成伙伴关系时，便担负起了保护主人及家族不受侵害的责任，并常常以意想不到的方式表现出来。

在一个家庭中，它们通常认为自己的地位是排在男主人后面，而同男主人生活在一起的其他人则排在自己后面，它只服从于首领男主人。

当然，如果女主人或饲养者了解宠物狗的习性和心理，在它犯错误或不服管教的时候，不让步不恐惧，久之也能树立主人威信，甚至位置可以排在男主人之前。

(6)没有固定的睡眠时间

狗没有固定的睡眠时间，它是有机会就睡，睡得最深的时候是在中午 11 点～13 点以及凌晨 2 点～3 点。

它睡觉时喜欢趴在地上，头伏在前腿上，并且把嘴藏在两前腿之间，这是为了保护它的鼻子。深睡时的姿态为侧卧，全身舒展，但有一只耳朵贴于地面，时刻警惕陌生的声音，这一特性使它具有警卫和看家的本领。

如果它熟睡时被惊醒，就会表现出很不满，甚至会对惊醒它的主人吠叫。

5. 宠物狗的身体语言

宠物狗不能用语言与我们交流，当我们想要了解它的时候，需要借助于它的身体语言。

(1)吠叫

吠叫是狗的本能,每一种叫声都表达了不同的意思。

①小型狗的叫声比较高而且尖锐,并且喜欢乱叫;大型狗的叫声粗而且低沉,一般不乱叫。

②警觉时是闭着嘴发出压抑的鼻音,耳朵转向声源,说明有陌生人走过来或什么地方有可疑的声音;当它头部高昂,发出"汪汪"的叫声时,说明外敌接近;如果吠叫声变得短促而强烈,声音的频率也提高了,说明它此时比较激动。

③当它玩得高兴时,会发出音调高而尖的叫声,似乎是在唱歌。

④狗在示弱时会哀叫、哼哼或发出轻微的低鸣声。

(2)情感表达

狗在表达情感时,除了吠叫之外,还有耳朵、鼻子、尾巴以及全身的动作。

①当它耳朵有力地向后贴时,是要攻击对方;而当耳朵向后轻轻摆动时,是在撒娇或者表示高兴。

②尾巴最能正确表达情感,摇动尾巴表示喜悦;尾巴不动,显示不安;尾巴夹起,说明害怕。

③狗在高兴时会向主人撒娇。最典型的姿态是前腿向前伸展,臀部抬起,嘴微笑着向后咧,耳朵向后倾倒。然后把前脚搭在主人膝上,或者转过身将屁股靠在主人身上,这种姿势可以让主人抚摸它的背部。

(3)用尿液传递信息

狗用自己的尿液划定界限、吸引异性，它喜欢在墙角、树下等地方留下一点尿迹，以确定自己的领地；在和主人外出散步时，也常常是一边走一边嗅闻地面，它在搜寻自己的标记。

①母犬发情期常常在很大范围内漫游，并且频繁在经过的路上小便，布下一连串吸引公犬的味道，一直引向它的住处。

②狗将尿液排在引人注目的物体上，并且在排尿后用力抓挠地面，做出醒目的标记，使味源容易被发现。

③外出散步，宠物狗就会在其生活地附近的树下或桩杆上留下标记，通常成年公犬不完成这个标记是不回家的。

6. 挑选宠物狗

算上混血的，狗的品种成千上万，什么类型的狗适合你是一个值得考虑的重要问题。

(1)挑选幼犬绝招

幼犬长大以后会是什么样，我们很难预料，因为它长大后的性情和模样或许与现在完全不同；经验丰富的专家在幼犬只有一个月大时，便能从行为上测试出它们大致的性格：

①蹲下来呼唤它过来，如果摇头摆尾，高高兴兴地直奔

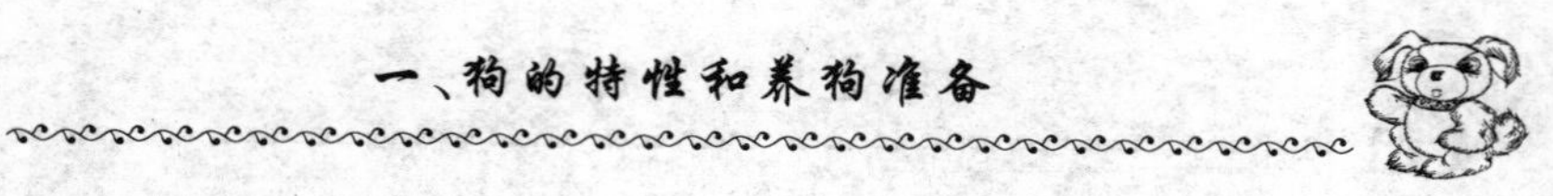

过来，它长大后一定是一只充满信心，喜欢交际的宠物狗；而无动于衷或者犹犹豫豫，它是个怯懦或者是有性格障碍的狗。

②将它四脚朝天翻在地上，用手轻轻按住它的肚子，强悍的幼犬会努力挣扎；柔顺的则屈服顺从，目光游移。

③衔取能力的测试：在它面前抛出一个小纸团，容易受训的幼犬会奔向纸团衔起它，并在主人的鼓励下走回来；对纸团视而不见甚至走掉，它将来接受训练的程度会比较低；衔起纸团独自玩耍，这是只性格独立的小狗，需要一个老练的训犬师来调教它。

④听觉的测试：把金属类能发声的器具弄出一声响之后藏匿起来，它们大多会惊慌失措，如果没有反应，就带它去兽医处检查一下是否耳朵失聪；优良的幼犬在吓了一跳之后能迅速恢复平静，并且开始寻找声音的来源；而心有余悸，躲得远远的小狗，可能不适合喧嚣的人类社会。

(2)挑选健康的宠物狗

首先，观察它的外貌，无论什么品种狗都应该是体形匀称、姿态端正、活泼可爱。

健康宠物狗的标准是：

①眼睛明亮无分泌物，睫毛不接触眼球；鼻头湿润并且有丝丝凉意，以黑色为最好；翻开它的口唇，牙齿洁白，牙床呈粉红色，舌头鲜红无舌苔，口腔无异味；耳朵转动灵活，耳内呈粉红色，有少量毛发，耳内无异味，耳尖无皮屑或掉毛现象。

②被毛顺滑发亮，无脱毛、结痂，皮肤柔软有弹性，下腹部没有球状突起。

③肛门清洁无异物，健康狗的排尿呈清澈的黄色，粪便成形，没有异常臭味。

④足垫柔软无开裂。

⑤扔个纸团或皮球让它跑跑跳跳，在运动中观察骨骼有无变形，是否脱臼。有的狗幼年时期后腿呈O型，跑起来蹦蹦跳跳像兔子一样，没有关系，随着年龄的增长，它的后腿自然就直了。

⑥同一窝小狗，要选体态匀称，感觉结实的，喂养得好的小狗抱起来比看上去要重。

(3)宠物狗的血统

根据个人的喜好、生活环境和经济条件选择合适的宠物狗，那么到底是纯种狗好，还是混血的好呢？

纯种狗长大后与它们的上一代长相类似，其性情也与它们的家人相似。如果选择正确，纯种狗不但会符合你的性格，而且能满足你的审美需求。

购买纯种狗需要向卖主索要血统证明，血统证明一般要填写品种、名字、性别、出生日期、毛色、父母情况，以及该犬参加相关比赛的成绩、训练的奖励、登录者、登录日期等信息，购买时要签订买卖双方的转让协议，这样才能带宠物狗到相关协会重新登记，得到认可。如果不办理这个手续，你的爱犬将来参加比赛或配种时会遇到很多麻烦。

另外，纯种狗防疫做得比较严格，未经防疫的宠物狗不

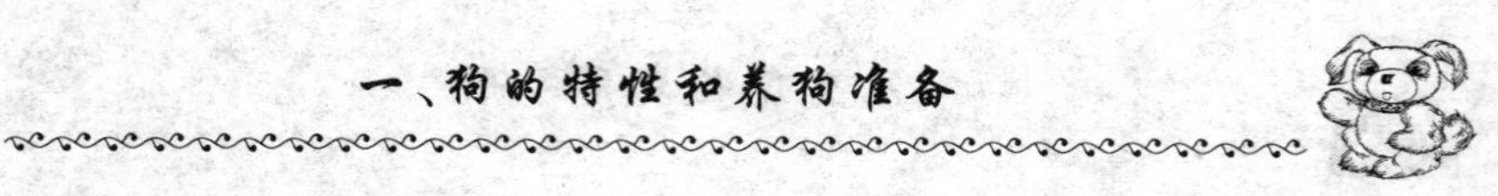

宜购买，如果真的喜欢，也要卖主给它进行防疫后，观察3～5天再购买；纯种狗有很多易发的疾病，需要了解清楚，并及早作预防。

杂交小狗的身上可能融合了两种或者更多纯种狗的血统，决定纯种狗性情的基因同样会遗传到他们的身上，只不过一方的基因可能会削弱甚至淹没另一方的基因。所以，你无法准确地描述它将来的模样和性情，但是它身体强健，不容易生病。

(4)最受欢迎的宠物狗

不同品种狗有不一样的秉性，决定宠物狗性格的原因有：遗传因素、后天环境和主人的性格，并不是所有的小型狗都性情温顺，也不是大型狗都不适合家庭喂养，从品种上来讲，最值得推荐的是拉布拉多犬。

拉布拉多犬活泼而友好，从不伤人，没有明显的遗传缺陷，是最适合人类家庭的宠物狗；德国牧羊犬以英俊的体形，均衡的品质受到广泛推崇；藏獒威猛无比，备受养狗名家的喜爱，比较流行的宠物狗还有大丹犬、金毛寻回犬、苏格兰牧羊犬、阿富汗猎犬等。

小型犬有雪纳瑞犬、博美犬、北京犬和斗牛犬，都是服从性比较强的宠物狗。博美犬因为体形娇小、身态轻盈，被毛质地好且不爱掉毛，无体臭，深受女士喜爱；斗牛犬以其巨大的胸部和肩膀，加上一张粗野而有吸引力的面孔，成为面恶心善的典型；北京犬来自中国宫廷，它生活的唯一目的是做一个忠诚而善解人意的好伴侣，它确实做得很出色。

(5)宠物狗的寿命

狗的寿命一般在12～15岁之间，最长寿记录是35岁。1岁以后为成年狗，大型宠物狗成熟得稍晚一些，2～5岁是宠物狗的青壮年时期，7岁以后出现衰老现象，10岁以后生殖能力消失。

杂种宠物狗比纯种狗长寿，黑色狗比其他颜色长寿，室内养狗比在室外长寿，生活条件的好坏是影响宠物狗寿命的重要因素。

(6)开车带它回家的注意事项

最安全的把爱犬运回家的方法，准备个专门运送宠物的笼子或者一个足够大的能让它在里面尽情舒展的纸板箱，箱子的底部最好铺一层报纸以防它大小便，箱子或笼子上面可盖条毯子或者毛巾。

有的狗习惯坐车，而有的狗也许会严重晕车。所以，首次带它上车，你最好找个人来给你开车，而你和你的宠物坐在后排，防止可能发生的任何意外情况；如果你找不到人来开车，那么就把你的爱犬安置在车的后座上。

出发前不要喂给它食物或仅仅吃些富含营养的食物，到家后才让它喝水排便，喂给少量食物，一次不要吃太多。

7. 安置你的新朋友

提前做好准备，可以让爱犬很快地从它熟悉的环境过

渡到新的环境。

(1)宠物狗的室内住所

同人类一样,狗也需要有安全感的住所,作为主人有责任为它营造一个干净又舒适的窝。

市场上出售的狗窝有各种款式和质地,最常见的是藤条和海绵制作的适合小型宠物狗居住的窝,四面有一圈稍高的边,有个缺口方便出入,它睡在里边像是被环抱在中间,感觉温馨而安全。如果在其中填充雪松锯末,既能给房间带来雪松的芳香,又能够防止跳蚤等寄生虫滋生。

它的窝摆放地点也要有所讲究,最好放在不经常有人走动的地方,这样才能安静休息。对于幼犬,你不能把它安置在你的视线范围之外,而不去与它交流,每天仅仅喂它二顿饭或者换换饮水是远远不够的。长期被人忽视的幼犬会变得脾气暴躁,不与人合作。

如果你自己动手为它营造小窝,最简单的方法是找一个硬纸箱,不要太高,在边上剪一个开口,作为小狗出入的门。如果有小木箱就更结实了,但需要表面光滑平整,钉子不能突出来,以免划伤爱犬。房子的大小应使它四肢能够伸展自如,还要考虑小狗成年后的体形。

然后,在窝里铺上软的垫子和旧床单之类的东西,3 月龄以前的幼犬排便没有规律,给它用旧报纸作铺垫,可以随时更换,每次换床单时要记得留下一点小狗的气味,使它不至于找不到自己的窝。不要用羽毛类的东西做床垫,幼犬喜欢撕咬它们,如果吞下了羽毛,会造成消化不良。

(2)室外狗舍的建造

建筑室外狗舍的基本原则是在地势稍微高一些的地点，冬暖夏凉，通风干爽，可以安排在大门口附近、院子内的墙角等地方，方便它担任警戒工作。狗舍应该开个小窗口，有利于通风和光照；长度只要稍大于它体长的2倍即可；天花板要有一定的高度，如果能在天花板挂个电灯就更好了，夏天还可以挂电蚊香。

进出口要有足够的高度和宽度，让它可以自由出入。冬天做个门帘，白天暖和的时候，也可以卷起来；进出口处的屋顶要稍微长出来一点，这样下雨或下雪就不容易飘进屋里了。

爱犬的房子建好后，应该在里面做一张木板床供它睡觉，这样它就不会因为睡在水泥地而感冒。床的大小以爱犬横躺竖卧都可以伸展四肢为好，床上还应有些垫草，为了保持柔软干燥，要经常翻晒和更换。为了防跳蚤，可在它的床上放些新鲜松叶或晒干的蕨类植物。

(3)家庭安全检查

回家后的第一件事是带着爱犬到家中的一角，那个将成为它的“家”的地方嗅一嗅。

宠物狗尤其是幼犬比较擅长到处乱闯，所以，房间内的家具之间尽量不要留有窄小的空隙，否则会使幼犬的小脑袋卡在中间。无论如何要让它们知道不能在地毯上挖洞，不能碰桌上的东西，更不能因为够不到食物而把桌布拉

下来。

像家庭清洁用品、肥料、有毒性的物品这类东西，都要锁在壁橱里，或者放在它够不到的地方。不过你要记得，幼犬成长非常快，今天够不到的地方也许明天就能够到了。

能否保证爱犬的安全取决于你的检查是否仔细，电源插座、绳子以及任何能让它吞下去的东西都可能给这个好奇的新来者带来危险；烟头和烟灰含有尼古丁，爱犬如果吞食了，就会引起尼古丁中毒，所以烟灰缸也要妥善保管。

幼犬的玩具一定要结实的，如果是带哨的橡胶玩具，那么玩具上的哨子一定要固定牢靠，不致被它咬下吞食；不要把小型狗放置于很高的地方，它会跌下来而骨折。

各种笼子、箱子或围栏都可以帮助你的爱犬避免严重的伤害和潜在的危险，当你为它准备好了一个安全的环境后，就可迎接这位活泼可爱的新成员了。

(4)抱狗的方法

在试图将宠物狗抱起之前，要跟它说话，让它放心。

抱起成年狗的方法：蹲下来，一手搂起爱犬的胸部和前肢，另一只手搂住它的臀部，让它的背部保持挺直抱起来。

抱起幼犬的方法：轻轻地抚摸安慰它，一只手放在它的两前肢和胸下面，另一只手放在它的臀部托起来，这种抱狗方式可以防止它从手中逃跑。

向你不太熟悉的宠物狗靠近时要小心，动作要慢。先朝脸的水平面伸出手，同时蹲下来让它嗅闻你的手。切忌手从它的头部往下按，因为对于狗来说这是一种威胁动作；

也不要拍它的头，因为这是一种支配手势。

(5)带它回家后应注意什么？

到家后不要急于为爱犬洗澡，因为它旅途疲劳，处于紧张状态，此时洗澡很容易发烧而引起其他传染病。如果刚打完疫苗，则可能造成免疫失败。

刚到家的宠物狗很容易生病，原因是：

①首先是运输疲劳和环境改变。在把它带回家的路上受到惊吓、颠簸，又离开了原来熟悉的环境，爱犬会感到孤独恐惧，思念原来的主人。在这些情况下，宠物狗对疾病的抵抗力降低。

②幼犬未经过驱虫和防疫。宠物市场有犬瘟、细小病毒、传染性肝炎和传染性支气管炎等病毒，幼犬抵抗力差，很容易染病。

③新买回来的宠物狗，主人如果没有做到逐渐改变它的食物，爱犬肠胃不适就会消化不良；另外就是吃得过饱，有的主人很怕爱犬饿着，不停地喂食，也会引起消化不良。

(6)让它适应你的家

爱犬搬到新居，需要一定时间的适应过程，你要对它的饮食、起居密切观察几天，当它能围着你身边转时，说明它已认可了你和这个家。

如果你领养了一只幼犬，那么它在你家里会怎样渡过第一个夜晚呢？它不是一觉睡到天亮，以前半夜醒来时还可以跟窝里的小伙伴打闹一会，如今见不到它们了，它就会

因为孤独寂寞而哭闹不停。你得做好晚上被吵醒的准备，不要听到叫声就去安慰它，那样它会叫得更欢。你要忍耐两个晚上，让它习惯独处；如果你喜欢与爱犬形影不离地生活在一起，那么干脆就把宠物箱放在你的床边，这样你可以用手抚摸着它，像妈妈一样哄它入睡。

注意事项：

①向原主人索要一点有爱犬气味的东西，放在它睡觉的地方。

②在适应期间要防止它逃跑，当你发现它不听呼唤，行动诡秘，就要采取一些措施使其打消逃跑的念头。

二、狗的分类和品种

世界上的名犬有200种之多，主要分类方法是根据它的性质和体型而定。

1. 狗的分类方式

根据用途，可以分为猎犬、枪猎犬、工作犬、梗犬、玩赏犬和伴侣犬六大类。

(1)猎犬

又叫“缇”，在追踪猎物方面有着特殊的本领，一般来说，它们的嗅觉非常灵敏，行动极为迅速，这也是其工作性质决定的。

不同品种的猎犬，往往都有各自的绝活。有的猎犬如腊肠犬、寻血猎犬不仅嗅觉异常发达，而且善于对复杂的气味进行分析，作出正确的判断。而阿富汗猎犬、格力犬等则以视力和奔跑能力见长，这类猎犬不看到猎物不会出击，一旦出击，就会表现出惊人的速度和耐力，猎物很难逃脱。

常见的猎犬有阿富汗猎犬、比格猎犬、沙克犬、惠比特

犬、巴圣吉犬、巴赛特猎犬、寻血猎犬、俄罗斯猎犬、灵缇、挪威糜缇、格力犬、腊肠犬等。

(2)枪猎犬

大多属于中、小型狗，生性机敏，能够出色的完成多种任务，主要帮助猎人衔取击落的飞禽和追逐受伤的野兽。枪猎犬在搜索猎物时极为负责，为了把猎物交给主人，它甚至不惜跳进水中或钻进荆棘丛中进行追击。由于它经常四处搜寻受伤的飞禽，因此又称游猎犬和捕鸟犬。

枪猎犬的代表品种有可卡犬、波音达犬、塞特犬、金毛寻回犬、拉布拉多猎犬、威斯拉犬 、威玛猎犬等。

(3)工作犬

它们身体强壮、对主人非常温顺、对工作任劳任怨，有极强的判断力和解决问题的能力，常从事守卫，侦破、救护、放牧、运输（如拉雪橇）以及帮助残疾人等工作，堪称狗中劳模。

代表品种有阿拉斯加雪橇犬、西伯利亚雪橇犬、德国牧羊犬、澳洲牧牛犬、比利时牧羊犬、法兰德斯牧牛犬、可利犬、英国牧羊犬、威尔斯柯基犬、喜乐蒂犬、笃宾犬、大丹犬、伯尔尼山犬、拳师犬、秋田犬、大白熊犬、马士提夫獒犬、纽芬兰犬、罗威纳犬、圣伯纳犬、萨摩耶犬、雪那瑞犬。

(4)梗犬

这种狗精力充沛、勇敢、活泼。梗犬有大型和小型之

分，小型犬身体小巧，爪子适于掘洞，颚部强健有力，能够将躲藏在洞穴中的动物拖出来，常用于捕猎狐狸、獾、山拔鼠等穴居动物；大型梗犬身强力壮，勇猛无畏，敢于和美洲狮搏斗，可用于捕捉大型野兽。

如今大多数野生动物都被保护起来了，梗犬没了用武之地，技痒之时也会捉捉老鼠解闷，不过以它的身手实在是屈才了。代表品种有苏格兰梗、猎狐梗、格雷兰犬、贝林登梗、万能梗、斗牛梗、澳洲梗、伯德梗、杰克拉西尔梗、诺里奇梗、西部高地白梗等。

(5)玩赏犬

据考证，最早的玩赏犬源自古代中国宫廷。玩赏犬大多小巧玲珑、善解人意、活泼可爱，是人们休闲娱乐的好伴侣。玩赏犬虽有玩赏之名，但大多数都有看家护院的意识，在主人遇到侵害时同样会挺身而出，因此也可担任老人、妇女和儿童的贴身保镖。

代表品种有北京犬、中国冠毛犬犬、蝴蝶犬、博美犬、巴哥犬、贵妇犬、西施犬、马尔济斯犬、吉娃娃、约克郡犬、狐狸犬、西藏丝毛犬、约克夏梗、查理士王小猎犬、迷你笃宾犬、狆等。

(6)伴侣犬

伴侣犬是指那些专给人做伴的宠物狗，其品种并没有明确的界定，但它们必须乐于与人为伴、善解人意、能保护人并给人以精神上的慰藉。大丹犬、拳师犬、秋田犬、卷毛

比雄犬 、波士顿梗、斗牛犬、松狮犬、拉萨犬、贵宾犬、西帕凯犬、沙皮狗等等都可以充当伴侣犬。

2. 目前流行的宠物狗品种

这一节着重为你介绍各种狗的性格特征、鉴别要点，并针对各品种的特点提出了喂养建议。

(1)北京犬

又名北京狮子狗，俗称京巴，是最受欢迎的玩赏犬之一。该犬表情严肃，但实际上很温和，聪明伶俐，喜欢与人相处。在中国古代传说中，北京犬是可以驱邪的神犬，曾是中国宫廷独有的犬种，倍受尊崇，平民遇到它须行礼，皇帝死后用它陪葬。1860 年英法联军占领北京后，曾从颐和园掠走一些北京犬，使它流传到了欧美。

特性：胆大，心胸宽广，对人亲切。

体态特征：

头脸扁平，眼睛突出，耳下垂，狮子鼻，鼻梁有褶皱，嘴短多皱。

身材短小，胸部宽，体型像狮子。四肢短小，前肢上半部弯曲，脚尖外撇；尾根高，尾巴上卷，洒向背部，有“菊花尾”之称。

被毛又厚又长；耳朵、四肢后侧、尾部及脚趾上被毛多的为上好品种，毛色有奶黄、白、金红、黑、褐、红褐、银灰等色。

喂养建议：

①北京犬有一身稠密的长毛，最好每天梳理，夏季注意防暑。

②它的鼻子扁平，天气闷热时容易感到憋闷，因此运动量不可过大。

（2）卷毛比熊犬

比雄犬原产于法国，由于体型小巧，憨态可掬，16 世纪曾一度成为法国贵妇人怀里的宠儿。法国大革命后，随着贵族阶级的没落，比雄犬也从上层社会流入寻常百姓家，并成为马戏团的明星。

特性：活泼，喜欢和人亲近，记忆力好，体型虽小却十分顽强。

体态特征：

浑身覆盖螺旋状卷毛，身体上部被毛丰厚，下部毛发柔软，毛色有纯白色和奶油色；尾部覆盖长毛，向背部卷曲。

喂养建议：

①经常梳理可保持漂亮的外形。

②修剪不宜过短，应体现其胖嘟嘟的憨态。

（3）大丹犬

大丹犬有一些出乎人们意料的地方，它身材高大、样子威猛，性情却随和得像个老好人。名为“丹麦大狗”，实际上却是在德国发展而成的犬种。

特性：专注，尽职，温和，情绪稳定，能迅速进入兴奋或

安静状态。

体态特征：

头盖骨正中有一道凹槽，眼睛颜色深的品质较好，耳根高，直立；毛短而密，光滑；毛色有黄褐、蓝、黑、虎纹、黑白相杂等。

喂养建议：

大丹犬身体健壮，比较容易喂养，但由于其体型很大，需要相应的活动空间。

(4)西施犬

西施犬是玩赏犬中的佼佼者，也是极好的家庭伴侣。据考证，17 世纪达赖喇嘛曾将拉萨狮子犬献给皇帝，后与北京狮子犬混血，产生了西施犬，因此，西施犬与拉萨狮子犬极为相似，有时连专家都难以分辨。

特性：开朗自信，感情丰富，雍容华贵而不失活泼。

体态特征：

被毛丰厚，长而飘逸，一般为直毛或略有波浪。毛色多样，以金黄、白或黑白组合较受欢迎，前额有火焰状白斑，尾端有白毛则为极品。

头部毛发颜色对称、呈倾泻状垂下，脸上有须；尾上扬，尾上有羽状饰毛向背上洒落，尾巴高度与头齐平者最佳。

喂养建议：

①头上垂下的长毛容易刺激眼睛，应扎起来。为防眼病发生，可隔日用 2%的硼酸水滴眼。

②其被毛过于丰厚，在炎热天气要注意防暑降温。

(5)巴哥犬

巴哥犬俗称哈巴狗,它体质好,容易照料,喜欢和人玩耍,无论大人和孩子都能融洽相处,作为宠物和家居伴侣十分称职。由于它头部轮廓像斧头,故有巴哥之称(拉丁语斧头之意)。

特性:温顺体贴,爱干净,喜欢交朋友。

体态特征:

面部多褶皱,一般来说,皱纹越多品种越好;眼睛大而圆,略向外突;身躯短而健壮,胸部很宽,行走时像个拳击手,和人沟通时常发出咕噜咕噜的声音。

喂养建议:

巴哥犬脸上的褶皱尤其是鼻子周边的褶皱容易积累脏物,滋生寄生虫和细菌,应每周擦洗一次,清理时可用手轻拽皱皮擦洗。如果它的鼻子干燥,还可以用手指沾一点凡士林涂在鼻子上,以防开裂。

另外,巴哥犬的鼻腔短小,运动量过大时容易喘不过气来,甚至出现缺氧症状,因此要避免过于剧烈的运动。

(6)巴赛特猎犬

该犬耳长腿短,又名短脚长耳犬,原产法国。性情温和,喜欢接近儿童,对主人非常忠诚,是不可多得的家居伴侣。作为猎犬,它的速度并不快,但精力旺盛、极具耐心,适合在茂盛的草丛中追踪野兔等猎物,因此作为猎犬也能独当一面。

特性：嗅觉灵敏，判断准确，忠厚，喜欢与人相处。

体态特征：

体宽而长，四肢短，头顶呈圆顶形，耳朵长而柔软；毛短而光滑、稠密，毛色由黑、黄褐、白组成的花色较为常见；尾巴较长，行走时扬起，向上弯曲。

喂养建议：

①该犬容易发胖，喂食不宜过多过频，每天喂一顿即可。

②其狼爪容易抓伤自己和主人，也不美观，应在幼小时切除。

③它不喜欢水，每月洗一次澡就够了，要保持清洁和健康，最好每天为它梳刷被毛一次。

(7)沙皮犬

沙皮犬憨态可掬，相貌独特，因其皮肤逆毛摸上去如砂纸或鲨皮而得名，是世界上最珍贵的犬种之一。该犬性情温和，但作为斗犬，却往往是赛场上的赢家。

特性：机警，聪明，对主人温顺忠实，对陌生人冷淡，有点“势利眼”。

体态特征：

头硕大，面部有皱褶，一副愁眉不展的样子；眼睛凹陷，视力不佳；口唇宽阔丰厚，上唇覆盖下唇，状似河马嘴，舌头、牙龈为蓝黑色或淡紫色。

皮肤松弛，幼时皱皮遍布全身，成年后四肢皱褶消失。皱皮虽是沙皮犬的标志，但成年犬皮肤过于松弛则为下品；

被毛粗短，顺毛摸有天鹅绒的质感，逆毛摸则糙如砂纸，毛色以奶油色、黄色、黑色居多。

喂养建议：

①皮肤多皱，至少每周应洗一次澡，为它擦身时要逆着毛擦。洗毛巾的水中可加入一点白醋，因为该犬皮肤偏碱性，用酸性的毛巾擦拭可以抑制在碱性环境下繁殖的细菌。擦干后再撒一点爽身粉，以保持皮肤干爽。

②经常用刷子逆着毛为其梳刷不仅能促进血液循环，还能清除皮屑和污垢，减少寄生虫和细菌繁殖的机会。

③该犬眼睑容易内翻，一经发现要及时翻出，以免对眼睛造成危害。

(8)阿富汗猎犬

世界上最古老的犬种之一，是古埃及王室的猎犬。阿富汗猎犬动作敏捷，视力超常，能随机应变，其忍耐力和体魄十分惊人，能在极为复杂和艰苦的环境中追捕猎物，它奔跑时步伐轻快，一身长毛随风飞扬，十分飘逸。

特性：高雅而不失活泼；对主人温顺，同时又有很强的独立性。

体态特征：

头部较长，鼻孔较大，鼻头黑色（毛色淡的犬种鼻头呈红褐色）；耳朵长并覆盖丝毛，下垂贴于脸颊；眼睛多为金色或暗色。

体形前高后低，全身披有丝绸般华丽的毛，耳朵及四足均长有飘逸丝毛，成年后尤其明显，毛色有黄褐、红、白、灰、

黑褐等多种。

四肢修长健壮，脚掌大而有力，其上覆有浓密丝毛。

喂养建议：

①阿富汗犬能适应恶劣环境，也乐于享受舒适的现代化住宅，但过于舒适的生活对它并不是一件好事，必须让它适量运动，以保持最佳身心状态。

②由于被毛浓密，不利于散热，因此在酷热的季节外出活动须防暑，最好把运动时间安排在清晨或傍晚。

(9)比格猎犬

比格猎犬是猎犬中的小个子，善于捕捉野兔、松鼠、鹌鹑、獾等小动物。它喜欢到野外捕猎，也喜欢坐在壁炉前陪伴主人享受温馨的夜晚，是狩猎者的忠实朋友。

特性：开朗，但有时任性。

体态特征：

头部较宽 ，轮廓清晰；长耳下垂，形状漂亮；毛短、稠密、能防水，毛色以棕黄、黑、白三色为多见，也有其他颜色；尾巴有力，长度适中。

喂养建议：

比格犬有时任性，会给主人带来一些麻烦，但它很聪明，只要注意严格训练，就能成为户外活动者最好的伙伴。

(10)蝴蝶犬

蝴蝶犬以其双耳形似蝴蝶翅膀而得名，由于外形可爱，十分依恋主人，在16世纪的法国宫廷深受欢迎。

特性：容易接近，喜欢户外活动，恋主，嫉妒其他宠物。

体态特征：

被毛丰厚，具有丝绸般的质感，后腿上部有丰富丝状毛，状似“裙裤”。耳内有丝状毛，使整个耳朵呈现出蝴蝶翅膀的样子。毛色多为黑白、棕白、黑白黄三种。

身体略显单薄，背部平直；尾长，有羽状饰毛，尾巴朝背部弯曲；足部细长如兔爪，趾间有丛毛。

喂养建议：

①蝴蝶犬适应性较强，在日常喂养中不必特殊照顾，只需经常梳理以保持被毛的靓丽即可。

②不可频繁地进行近亲交配，否则其毛色特征会丧失。

(11)波士顿梗犬

19 世纪，波士顿盛行斗牛活动，人们想培育出一种更勇敢、更机灵的斗犬，于是波士顿梗应运而生了。虽然是小型狗，却十分勇敢，做警卫犬也很称职。

特性：聪明，贪玩，感情丰富，平时性情温和，但主人一声令下就会立刻投入战斗。

体态特征：

头部棱角分明，口鼻较短；肌肉发达，体形挺拔，腰部线条倾斜；毛短而细，光滑，毛色以虎纹加白斑为最好，黑白相杂也可。白斑从额头到嘴，脖子、前胸、前腿、后脚通常为白色；尾短而直，通常下垂。

喂养建议：

①波士顿梗抗病能力稍差，因此食物营养要充分、全

面，还要注意防寒保暖。

②眼睛容易产生眼屎，眼球表面易生白膜，因此要注意眼部卫生。

③情绪比较稳定，一旦养成坏习惯也会很固执，因此最好从小进行严格训练。

(12)约克夏犬

原产地英国约克郡，是世界上最小的犬种之一，有着丝绸般漂亮的被毛，是现在最流行的玩赏犬之一。最初是由煤矿工人培育，目的是捕捉矿井里肆虐的老鼠。

特性：活泼，对主人依恋，对别的动物怀有敌意。

体态特征：

被毛细长，毛质柔软如丝，向两侧垂落。头、胸部毛色为金黄色或棕色，躯体被毛为铁青色。该犬毛色在3岁以前一直处于变化之中，刚出生的仔犬为黑色，3～5月龄足部出现黄褐色，被毛根部开始变蓝，随着年龄增长逐渐变成成年狗的颜色。

身体比例匀称，背线平直，理想体重1.5～2.4公斤，超过3.6公斤为下品；足部的毛发应剪短显得利落；尾根略高于背部，可以断尾至原长的一半。

喂养建议：

①冬季需穿衣保暖；头上的长毛扎起来，以免影响行动和刺激眼睛。

②容易过早掉牙，注意牙齿健康，不要喂它甜食。

③母犬分娩时容易发生难产，要特别留心。

(13)博美犬

原产德国波美拉尼亚州，有北极雪橇犬的血统，最初用于看守羊群。十九世纪末引入英国，为维多利亚女王所钟爱，逐渐培育成如今华丽的小型玩赏犬。由于它聪明可爱，也是很好的伴侣犬。

特性：快活，聪明，忠实，友善。

体态特征：

身材短小，被毛光泽，颈部、肩部、胸部长满饰毛，浑身看起来象蓬松的毛球，只有四肢下部毛较短。毛色多为橙、棕、奶白、黑等色；头部像狐狸，短小，看上去与肩膀混为一体；耳小巧，以直立耳为佳；眼睛为古铜色，略显椭圆。

喂养建议：

①博美犬有时喜欢乱叫，须从小严格调教。

②一身长毛需经常梳理，防止纠结和生长寄生虫。

(14)德国牧羊犬

德国牧羊犬俗称黑背，以服从、机敏、判断力超强著称于世，广泛用于侦破、救护、守卫、放牧、导盲等各个领域，有“万能工作犬”的美誉。该犬于十九世纪末由德国军方集各地优秀牧羊犬的血统培育而成，第一次世界大战时被德军用于战场，屡建奇功，战后作为优秀的工作犬受到各国欢迎。

特性：服从主人，判断力强，安静时沉稳，行动时迅猛。

体态特征：

额头宽阔；耳朵直立，鼻头及周围色黑；嘴长，牙齿呈剪状咬合；眼睛呈椭圆形，多为古铜色；最受欢迎的毛色为黑背黄腹，其他颜色有黑褐色、狼灰色、红褐色、黄褐色、纯黑色等多种。

身长大于肩高，背部后四分之一下斜，后腿弓，这是纯种德国牧羊犬的标志性特征；脚趾并拢，脚尖隆起，后腿有狼爪；尾长度适中，休息时下垂呈军刀状，行动时稍向上翘。

喂养建议：

①该犬各方面素质俱佳，学习能力尤其强，从小进行规范训练可使它成为优秀的工作犬和忠诚的生活伙伴。

②喜欢运动，应经常和它一起训练、玩耍，以使其优良禀赋得到发挥和加强。

(15)贵宾犬

贵宾犬曾是法国贵妇的宠儿，原产地至今尚无定论，德国、丹麦、法国都可能是它的故乡，而更多的人倾向于德国。贵宾犬既是勇敢的猎犬，又是聪明伶俐的玩赏犬，还能够在马戏团表演节目。其被毛极为茂密，外形可塑性强，对儿童十分友善，是人们最喜爱的玩伴。

特性：活泼，友善，善解人意。

体态特征：

贵宾犬按体型大小可分为三种类型，即标准型、小型和玩具型，标准型体重应在 11.5 公斤以上。

头较小，瘦长，常保持抬头姿势；全身卷毛，长而丰厚，毛色有白、奶黄、茶褐、黑、蓝灰、花色等，以单色为好，纯白尤佳。

喂养建议：

①每天应有一定的户外活动，以保持健康靓丽的形象。

②该犬喜欢水，毛发弄湿后应及时擦干，以防生病。

③通过修剪毛发来变换各种造型，你可以发挥想象力尽情创造，为确保造型准确，须使用专用修剪工具。

（16）吉娃娃

吉娃娃是世界上最小的玩赏犬之一，它小巧玲珑，惹人喜爱，由于具有狩猎与警戒的本能，也可以看家护院。吉娃娃看起来十分弱小，但在保护主人时能表现出惊人的力量和勇气。

特性：胆大，对主人有独占心理。

体态特征：

头部略呈圆形，眼大而圆，口鼻小而突出；四肢较细，脚趾分开明显，但并不叉开。

吉娃娃有长毛和短毛两种类型，长毛犬毛质柔软，耳朵边缘有毛，腿部有绒毛，尾毛长而丰厚，像羽毛掸子；短毛品种被毛紧密、光滑，毛色无标准，各种毛色都属正常。

喂养建议：

①吉娃娃并不是越小越好，成年体重不足 0.5 公斤属于病态。

②该犬食量有限，每顿饭不能喂得太多，以一天三顿为宜。

③其食道狭窄，在争食时容易发生食道梗阻，遇到这种

情况可用手捂住它的口鼻，使它停止呼吸数秒，以刺激食道蠕动。

④骨骼细小却胆大好动，当它过于兴奋时需加以控制，以防受伤。

(17)金毛寻回犬

金毛寻回犬以一身漂亮的金毛而得名，由苏格兰农场猎犬经过数代改良而成。金毛寻回犬喜欢陪伴老人和儿童，既是优秀的猎犬又是称职的伴侣犬，它不仅外表漂亮，头脑也很聪明，能在马戏团表演节目，甚至能做导盲犬。

特性：勇敢，顽强，接受能力强，喜欢水，能衔取水中的猎物和物品。

体态特征：

腋下、尾根的毛发十分丰厚，内层毛细密，能防水。毛色多为金色，也有奶油色。

喂养建议：

①挑选时注意，尾翻到背上或夹在腿间皆为下品。

②该犬喜欢运动，食物中应含有丰富的钙质。

③适量的水上运动能给它带来健康和快乐。

(18)拉布拉多犬

拉布拉多是猎犬中最受欢迎的品种之一，该犬被广泛用于捕猎、护卫、导盲，同时它还是忠实的家庭伴侣犬。

特性：忠实，沉稳，能适应艰苦生活，嗅觉和判断力俱佳。

体态特征：

鼻子是该犬品质的一个鉴别标志，好的品种应该是鼻梁长，鼻孔大，鼻头黑色；被毛短，毛质光滑，有防水功能。毛色有黑、黄、巧克力色，以纯色为好。

喂养建议：

拉布拉多犬适应性强，容易饲养，但不能因为好说话就怠慢它，它和别的宠物狗一样，也需要丰富的营养和足够的运动。

(19)腊肠犬

腊肠犬原产德国，嗅觉敏锐，在追踪猎物时耐力惊人，不知疲倦。腊肠犬身体细长，腿奇短，走起路来像爬行，这样的体形便于钻进洞穴把猎物拖出来。

特性：聪明，好动，爱凑热闹，对陌生人警惕性高。

体态特征：

身体长，体长为身高的 2 倍；腊肠犬可以有各种毛色，一般认为白色为下品。长毛品种以艳红色为珍品。

喂养建议：

①腊肠犬生理结构特殊，不宜做跳跃、直立、翻越障碍物等训练，以免出现脊椎移位等损伤。

②该犬易患骨刺，进食过饱会加重病情。

③该犬腿短，所以躯干部位易弄脏，应及时擦洗。

(20)雪纳瑞犬

雪那瑞犬脸部形状极具个性，近年来以其聪明、勇敢、

无体臭、不易掉毛、寿命长等优点成为颇受欢迎的宠物犬。原产德国，按体型可分为迷你、标准和大型三种，无论体型大小，均精力充沛，对主人十分温顺，是生活中很好的伙伴。

特性：机敏，力大，乐于服从。

体态特征：

被毛双层，外层为硬毛，内层为紧密绒毛；眉毛及吻部饰毛奇长；毛色为椒盐色、黑底杂银色、纯黑色。皮肤有白色或粉红色斑块者为下品。

喂养建议：

①为避免被毛纠结，最好每天梳理。

②眼睛容易感染发炎，要特别注意眼部卫生，可每周用2%的硼酸水清洁眼睛一次。

（21）波音达犬

波音达犬是一种优秀的枪猎犬，它在狩猎时有一个特点，当它发现猎物时，鼻子、身体和尾巴呈一条直线，指向猎物所在地点，因此又称“指标犬”。目前，波音达犬主要有英国波音达和德国波音达两种。

波音达犬可用于侦破、救灾等领域，是优秀的工作犬。

特性：情绪稳定，忠诚，有强烈的狩猎欲望。

体态特征：

被毛短而光滑，毛色主要有白底褐斑、褐底白斑、白色与橙色相杂，也有极少数为黑色或棕色，虎纹和铅灰色为不良品种；尾巴长度适中，慢跑时与背部持平。

喂养建议：

①波音达犬必须保持收腹，否则会影响体形和健康，因此切忌喂食过量，喂给肉类时最好剔去脂肪。

②该犬为运动型，必须有足够的运动量，跑山路、游泳是很好的锻炼方式。

(22)哈士奇雪橇犬

外貌很像阿拉斯加雪橇犬，哈士奇属于中型犬，阿拉斯加属于大型犬。它们都是和人很亲近的狗，不会主动攻击人，也很少吠叫。

特性：和人亲近，健壮有力。

体态特征：

脸型有点像狼，耳朵直立，呈三角形，颚部强健有力，嘴看起来像在微笑。眼睛可以是蓝色也可以是褐色的，阿拉斯加雪橇犬只能是褐色的眼睛。

阿拉斯加雪橇犬看起来比较壮实，体型稍大，而哈士奇体型中等，步态轻盈。被毛浓密厚实，能防水；毛色有白、浅灰、蓝灰等颜色，脸部、胸腹、四肢的一部分通常为白色。

喂养建议：

该犬喜欢干净，但在给它洗澡时不可损伤皮肤上分泌油脂的区域，因为那是它防水和抵御严寒的一大法宝。

三、狗的食物及喂养

狗把主人看作是群体的首领，那么我们就有责任保证它衣食无忧，为它配制营养均衡的饮食。

1. 宠物狗的基本营养需要

在狗的生命活动中，必须从外界摄取各种营养物质，食物经过消化吸收后变成机体所需要的能量。

(1)水

水是体液的重要组成部分，占身体比重的60%～70%，无论您给爱犬准备什么样的食物，都要让它每天自由饮用清水，因为生命活动离不开水。

狗身体内没有储存水的功能，缺水会使它很快死亡。水还有调节体温的作用，在炎炎夏日，爱犬要比平时更能喝水，要特别留意。当你和爱犬一起旅行时，不要忘记带水和喝水的容器。

成年狗每日每千克体重需100毫升水，幼犬需要150毫

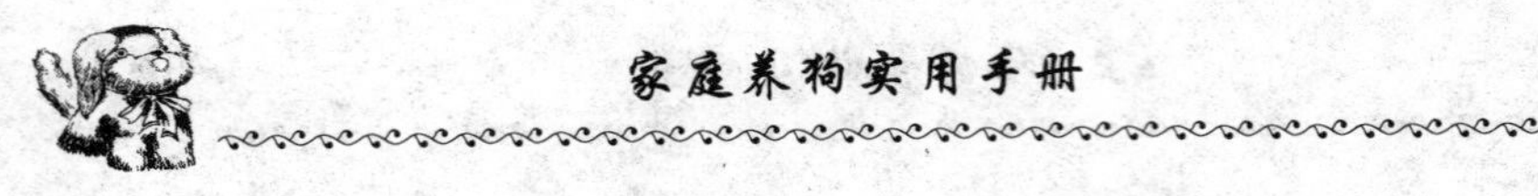

升/千克体重，发烧或远距离运动后饮水量增加。

全天供应清水，让爱犬自由饮用。

(2)蛋白质

蛋白质是生命活动的基础，宠物狗原本就是肉食动物，蛋白质是它的食物中不可缺少的营养物质。

蛋白质可以从牛肉、鸡肉、牛奶、鱼肉等动物性饲料中摄取，经过胃肠消化分解为氨基酸，被机体吸收利用。氨基酸使机体得以维持生命活动和增强对疾病的抵抗力。此外，修复创伤，细胞的新老更替，都需要蛋白质的参与才能完成。

蛋白质供应不足，就会引起食欲下降，体重减轻。幼犬发育缓慢，容易生病；怀孕母犬缺乏蛋白质就会影响胎儿发育，产后泌乳不足。

为了节省开支，可以选用动物的内脏或屠宰场的下脚料喂狗，比如肝、肺、碎肉等，完全可以满足爱犬对蛋白质的需要；植物饲料中也含有蛋白质，但是可消化性差，长期单纯用植物饲料喂养宠物狗，容易出现贫血、生长缓慢、被毛生长不良等情况。

但是，喂给肉类饲料过剩，不但造成浪费，还会引起代谢紊乱、中枢神经系统功能失调，严重时发生酸中毒。爱犬每天的食物中，肉类饲料占三分之一即可。

(3)脂肪

脂肪是能量和脂肪酸的主要来源，脂肪酸缺乏时，爱犬

会出现皮炎、皮肤瘙痒、被毛不光泽等情况。但是如果脂肪过多,又会造成肥胖。

成年狗每日的食物中脂肪含量应在10%～20%,冬天要多一些,皮下脂肪的蓄积可以帮助它抵御寒冷;幼犬所需要的优质脂肪应是成年狗的2倍以上,因为母犬的乳汁中,脂肪的含量就是牛奶的3倍。另外,脂肪可以分解出多种维生素,可使幼犬不容易患维生素缺乏症。

猪肉、羊肉以及动物的肝脏中含有大量脂肪,脂肪还会刺激味觉,使之食欲旺盛。但是鱼类中含有的劣质脂肪会妨碍新陈代谢,幼犬食用了劣质脂肪还会引起消化不良、皮肤病等,所以,煮鱼的汤要倒掉,只喂给鱼肉。

(4)糖类

糖即碳水化合物,是热量的主要来源,可维持体温,并作为身体器官工作和运动中的能量来源。主要存在于植物性饲料中,米饭、馒头以及玉米中含有大量的糖类。

一般情况下,宠物狗的食物中,肉类应占三分之一,米饭、馒头等植物性饲料占三分之二,可以作为它的主食。如果缺乏碳水化合物,机体就会动用蛋白质转化为能量,使体重减轻,宠物狗会消瘦而导致疾病的发生;但是如果过多,又会在体内变成脂肪储存起来,它就成了肥胖犬。

(5)维生素

维生素在生命活动中起着极大的作用,它能调节生理机能,促进伤口愈合,促进神经系统发育和繁殖机能,消除

有毒物质的毒害等。

维生素种类很多，其中机体最需要的有维生素A，在牛奶、鸡蛋、动物肝脏和胡萝卜中含量较多，它的作用是增强动物的视力，如果缺乏会造成夜盲症、"干眼病"、皮肤粗糙等后果；但是，如果维生素A过量，会引起骨质疏松，牙齿脱落和牙周炎，因此，不能给爱犬喂食过多鱼肝油和动物肝脏。

水溶性维生素B存在于牛奶、谷物、豆类食品中，它的作用是促进消化，增强抗病力。维生素B1又称硫胺素，对促进碳水化合物的代谢有着重要的作用，缺少维生素B1会引起食欲不振、呕吐、神经炎等；维生素B2又称核黄素，它影响着蛋白质、脂肪以及核酸的代谢，缺少维生素B2会引起厌食，结膜炎、角膜混浊，后肢肌肉萎缩等。

维生素C又称抗坏血酸，在牛奶、西红柿等蔬菜中含量较高，犬类能够在体内合成维生素C，因此它没有必要像人一样吃很多蔬菜。缺乏维生素C会出现皮肤出血，伤口愈合缓慢等坏血病的症状。

机体对维生素的需求不是一成不变的，与年龄、身体状况有关系，比如在生长期、怀孕期和哺乳期的狗对维生素的需求明显增加。

(6)矿物质

矿物质包括钙、磷、钾、锌、铜等，主要来自饮用水，含量虽微小，却对机体的生命活动起到重要作用。

钙是骨骼和牙齿的主要成分，能调节心脏和神经的活

动，维持肌肉的张力。严重缺钙会引起骨骼软化，牙齿脱落等症状。如果你想让幼犬的骨骼长得结实，就一定要给它吃含有丰富钙质的食物，牛奶含有丰富的钙质，钙片也可以。

铁会使爱犬变得强壮，缺铁会使它没有力气和贫血。铁含量比较多的食物有鸡蛋和动物的肝脏，幼犬最适宜喂给蛋黄。

2. 成年狗的食物

均衡的饮食是保持爱犬健康的重要因素。

(1)日粮的配制

将各种饲料按照一定比例混合起来，为保证爱犬在一昼夜内生命活动所必需的营养物质而配制的食物就叫作日粮。

有的人购买商品狗粮喂养爱犬，虽然价格上要贵些，但省去了制作饲料的麻烦，而且经过科学配制的干燥狗粮，营养全面，适口性好，使用起来也很方便。

自己动手配制日粮，首先要满足蛋白质、脂肪和碳水化合物的需要，再适当补充矿物质和维生素等，动物性饲料和植物性饲料按照营养需求混合喂给。常用的动物饲料有肉、鱼、蛋、乳制品等，植物性饲料有米、面、薯类和蔬菜。

日粮的标准因它体型大小不同而有所差异，一般来说，中型宠物狗(体重28公斤左右)每天需要粮食500～700克，

肉类500克，蔬菜500克，食盐10～15克。

先将食物煮熟，再晾凉喂给，冬季食物温度在38度左右最好，喂冰冷的食物会消耗爱犬的热量，并且造成胃肠疾病；从营养上讲，喂狗的食物不宜煮得太烂，米也不用多次淘洗，以充分利用其营养成分，煮成粥后混入肉菜汤中喂给。

生肉或内脏一定选用新鲜的，用冷水洗净、切碎、煮熟，连肉带汤与米饭、馒头、窝头等拌好，再稍微加点盐和蔬菜。狗对粗纤维的消化能力差，所以给它吃的蔬菜要切得极细小，并且要煮得烂熟。

利用剩下饭菜喂给时，要加热消毒一下，变质的食物容易引起消化道疾病。

(2)罐装狗粮

以各种鱼、肉和谷物组成的狗粮罐头已经使用很多年了，是一种简便安全且能为宠物狗提供高度可口的湿饲料形式。

罐装狗粮是能够长期储存的安全食品，含有宠物狗所需的足够能量、所有矿物质、维生素和脂肪，软湿的罐头狗粮容易消化，因此营养成分利用率就高。罐装狗粮非常美味，缺点是增加了每日喂养的成本，很多养狗人将主食掺入罐装食品中，以此来引诱挑嘴的爱犬。

在喂给爱犬充足狗粮的情况下，就没必要再给它补充什么营养品，因为罐装狗粮中的营养是均衡的，添加任何营养都会破坏原有营养成分的比例，对爱犬的健康没有好处。

(3)颗粒狗粮

①品牌狗粮开袋后首先闻到的是自然香味,质量差的狗粮常用化学添加剂,有股浓烈的香精味;其次注意颗粒狗粮的外观,优质狗粮颗粒饱满,颜色均匀。劣质狗粮颗粒粗糙,大小不均,有的加了色素并在表面涂油,用手抓容易沾染粉末和油。

②注意狗粮中粗纤维的含量和钙磷比例,优质狗粮中粗纤维含量为3%～4%,含量过多影响其它营养物质的吸收,过少容易导致便秘。

③不要选择含有合成防腐剂和抗生素的饲料,有些制造商为了延长商品的保质期以及让狗食用后粪便成型,往往在饲料中添加大量防腐剂和抗生素,如柠檬酸钠超标是导致胃胀气的重要原因。

④狗粮中的盐分常常很高,狗很喜欢盐,就像我们喜欢吃咸的薯片一样。吃含盐多的食品,狗就会患上高血压、心脏病,给爱犬更换健康食谱,可加些大蒜,或者是不含钠的鸡肉汤。

(4)自制食物和狗粮的对比

家庭自制食物是养狗人根据自己的经验为爱犬准备的美餐,这种配制食物与营养均衡的狗粮有以下区别:

①专业狗粮是动物营养专家、宠物医生和计算机专家共同研究开发,经过试验不断改进后生产的,他们的知识水平和对宠物狗营养需求的理解,绝不是一般养狗人能比的。

②人类餐桌上的食物适口性好，但是，好吃并不代表营养均衡。就适口性来说，脂肪排在影响因素的第一位，盐排在第二，所以，一定要改正好吃就是好食品的观念。

③专业狗粮的干湿度和形状是根据实验得出的的，可以减少宠物狗牙结石的发生率。同时，合理的含水量不利于细菌和霉菌的生长，有利于保存。

④狗粮的设计考虑到不同生长阶段宠物狗的营养需求，而家庭自制食物的配制很容易使营养比例不当。

(5)零食和咀嚼物

咀嚼非常有益于爱犬牙齿的健康，还可以清除牙垢，从而使它口气清新。但是，像犬饼干一类的零食含有很高的热量，应限制喂给的数量。

幼犬长牙时喜欢啃咬物品，一根骨头可以让它口爪并用地忙活大半天，但是动物的骨头易碎，而且容易使它的牙齿断裂。宠物店里有各种形状的人造骨头销售，安全可靠，也会给你的爱犬带来嘴上的快乐；优质的、看起来干净的生牛皮也是它的咀嚼物，当咀嚼物发霉时，就要及时扔掉；猪耳朵和咀嚼用的蹄子是天然的，含有丰富的脂肪和蛋白质。这些天然的动物产品非常有利于消化。

零食毕竟不是正餐，奖赏和零食都应该给以最少的量。

(6)爱犬食具的选购

虽然有各式各样的碟子和饭盆，但是一定要选择不容易打碎或者踢翻的那种，因为好动的小狗很快就学会从打

翻饭盆中找乐趣。

最好到宠物店购买宠物狗专用的食盆和水碗，为狗设计的食盆和我们用的饭碗不一样，它底重边厚，并且镶上一圈橡皮以防滑动。

选购要领：

①食具不能太浅，以免食物被拱得满地都是。

②食具的大小要根据爱犬的口鼻大小和长短而定，口鼻短的狗用浅一些的食盆，口鼻长的用较深食盆。

③食盆和水碗的材质有不锈钢的、陶瓷和塑料的，要选用表面光滑，易于清洗的。

④喂养幼犬最好不选用金属食具，因为小狗长牙的时候会寻找一切可以磨牙的东西，金属食具会咯坏它的牙齿，而且发出的噪音还会影响主人休息。

⑤饮水用具以不容易翻覆的陶瓷制品为好，放置于不妨碍活动的角落，大型狗夏天饮水量大，可用小水桶装水供其饮用。

(7)不能喂狗的食物有哪些

有些人在吃东西的时候喜欢让爱犬一起分享，事实上人类的很多食物是不适合狗的。

①狗吃了巧克力可能会由于无法排泄而中毒。

②带有香辣调味料的剩菜最好不要喂狗，这会使它灵敏的嗅觉变得迟钝；含有过多盐分的剩菜会使它脱毛和长癣。

③白糖虽然可以增加热量，但是摄入过多会消耗体内

的钙和维生素，尤其是幼犬的食物中是不应该加糖的，会导致肥胖或腹泻。

④不能给幼犬吃花生米，因为它的消化能力很弱，花生米会成为留在肠胃中的异物而引起消化系统疾病。

⑤年糕和紫菜可能粘住爱犬的喉咙，引起窒息。

3. 幼犬的喂养

仔犬经过大约 45 天的哺乳期，开始独立摄食并生长发育。

(1)仔犬的人工哺乳

新生仔犬的生长发育很快，母犬的乳汁在产后 15 天开始减少，特别是在产仔较多的情况下，母乳就会供不应求。

通过测量仔犬的体重就可知道哺乳是否顺利，出生 5 天内，每天增重 50 克左右；6～10 天，每天增重 70 克；如果母乳不足，仔犬体重增长速度就会降低，这时就要考虑人工哺乳。

市面上出售的犬用奶粉，与母犬的奶水很接近，只要冲泡一下就可使用；如果用牛奶进行人工哺乳，由于蛋白质含量严重不足，仔犬还是会被饿死。必须在经过煮沸的新鲜牛奶中，加入犬用奶粉和蜂蜜。

当然，乳汁不是越浓越好，观察仔犬的粪便状态可知道人工哺乳是否顺利，粪便太硬，可以把牛奶调得浓一点；反之，则调得淡一点。喂养得好，仔犬的粪便像柔软细长的面

团，可以用手拿起来。

调出来的奶水温度以30℃～37℃为好，可用婴儿奶瓶喂给。喂奶时让仔犬的两只前脚搭在你的掌心上，因为仔犬吸奶时习惯用两只前脚按摩母犬的乳房。千万不能像给婴儿喂奶一样仰着喂，那样仔犬会将奶水吸入气管而呛死；喂奶时用酒精棉球擦拭仔犬肛门周围，以刺激它及时排便。

仔犬喝完奶后，肚子象青蛙那样一鼓一鼓的就是吃饱了。

(2)断奶食物

出生十几天以后，仔犬开始睁开眼睛，这时可将调配好的食物放入盘子中，供它舔食。

断奶食物应该含有丰富的蛋白质、脂肪、糖类、矿物质和维生素，有牛奶麦片粥、煮熟的鸡蛋黄、碎肉末、狗粮等。断奶食物最重要的一点是要容易消化，所以，肉末一定要切得极细碎，食物颗粒也要细小，面包和干燥狗粮要用热牛奶或开水泡软后再喂给。

到40天左右时，母犬基本停止泌乳，开始不理睬它的孩子，甚至威胁靠近的仔犬，这时你就要全面接手小狗的喂养工作了。

注意事项：

①不要把煮熟的食物马上喂给，刚从冰箱中拿出的食物也不能直接喂给，太冷或太热的食物都会损伤爱犬的口腔和消化系统。

②仔犬断奶是否顺利，可以从它的排便情况看出来，哺

乳期间的粪便为灰白色或黄褐色条状，断奶时的粪便呈有光泽的黑色长串，喂养不顺利则粪便稀稠，不成形。

(3)幼犬不同阶段的饮食

幼犬生长阶段所增加的体重，除了水分外，主要成分就是蛋白质，而蛋白质的优劣对于它生长发育的影响非常大。

2月龄的幼犬刚刚离开母乳，消化机能还没有发育完全，对外界食物适应能力差，所以必须保证食物中营养物质含量丰富，质地柔软，纤维含量低，并且要有良好的适口性。肉类食物应占日粮的40%，加入少量蔬菜，再混以面包渣或米饭，这就是幼犬理想的食物。牛奶或奶粉不能过多喂给，否则会影响消化机能。

3月龄幼犬的生长速度很快，喂食量每隔3天应增加20%，大型狗的幼犬对钙的需要量很大，如果不及时补充，就很容易发生缺钙的症状，比如佝偻病。补钙的方法很多，最理想的是喂给钙片，也可把骨头砸碎，加入少量醋煮成骨头汤，还能补血。

4月龄的幼犬由一天3次喂给改为2次，在食物的调味上，可加入少量盐和糖。

5、6月龄幼犬生长的高峰期已经过去，食量增加，但对营养物质的需要开始下降。其消化功能也日趋完善，对粗饲料的消化能力增强，可用动物的内脏代替精肉喂给。此外，这个时期它开始换毛，食物中适量添加植物油，可促进毛发的生长。

7、8月龄幼犬的食物配制可逐渐过渡到成年狗的标准。

(4)喂养幼犬注意事项

①喂养刚买来的幼犬，要在原来食物的基础上逐渐转换。刚刚来到一个陌生的新环境，它可能会有腹泻等不适反应，可喂给稀饭等适口的食物，并加入适量的鱼或碎肉。

②由于幼犬消化器官尚未发育健全，所以不要喂给生、冷、硬的食物。

③爱犬是否吃饱可以从它的表情上看出来，如果没有吃饱，它会一直舔空了的食具，并且用期待的眼神看着你。

④幼犬喜欢从地上乱捡东西吃，有时会把一些小东西吞进去，比如钮扣、小石子、针、钉子等，当发现它剧烈呕吐或腹痛时，应考虑进行 X 光检查。

⑤在生长发育阶段，幼犬身体的各个部分并不是均衡生长的，从出生至 3 个月，主要增加体重，4～5 个月，主要增长身体的长度，7 个月之后增长高度。

⑥幼犬经常会由于过分高兴或恐惧而撒尿，这是感情丰富或神经质的表现，不是生病，成年后可自行消失。

(5)纠正幼犬偏食的习惯

像小孩子一样，幼犬对食物挑挑拣拣，如果你不及时纠正，长大以后它就会偏食。有的主人心软，看见爱犬一天不吃东西，就在它的食物里添加一些美食或肉罐头，这会惯坏小狗，使它变得更加偏食。

其实，它有一二顿不吃东西不会怎样，不给它零食，让它饿到极点，然后再试试以下几种方式帮助爱犬恢复食欲：

①对不爱吃米饭、馒头的幼犬，可将主食弄碎掺在肉汤里喂给。

②不要观看爱犬吃饭，为它做好食物后，就把食盆放下，然后转身离开。

③给它 30 分钟的吃饭时间，到时候就把剩下的食物端走。让它知道不好好吃饭的结果就是没饭可吃，这一做法必须按照固定的喂食时间有规律地进行。

④不让它靠近你的餐桌。对于小狗来说，人类餐桌上香喷喷的食物总是比它的好吃，经常用餐桌上的食物喂狗，不但养成它偏食的习惯，还可能使它生病。

4. 喂养管理

狗的味觉迟钝，它是靠嗅觉“品尝”食物的，当它闻到食物不新鲜或有一点异味时，就会拒绝进食。

(1)夏秋季节的喂养管理

炎热的夏季，人的食欲较差，狗也不例外，所以更要喂给高蛋白的食物，以保证营养的供给。另外，夏季高温，食物容易变质而引起中毒，所以，吃剩下的食物一定要倒掉，到了喂食时间再配制新鲜食物。

狗的身体没有汗腺，我们经常可以看到它伸出舌头气喘吁吁，它只能通过舌头散热，所以天热时不要让它大量地运动，给它提供阴凉的地方休息，并且让它随时喝到清洁的饮水。

夏季，大多数家庭都装上了空调，室内养幼犬注意冷气不能开得太强，因为它的体温调节机能不是很完善，它也会得空调病。

秋季是爱犬长冬毛的季节，经常梳理有助于被毛的生长，适当喂食煮熟的鸡蛋黄，能有效促进幼犬的冬毛生长。

对于幼犬，应该在有暖气的房间里给它搭个窝。不要让它靠在暖气上取暖，这样容易感冒，而且暖气也会灼伤它的皮毛。

(2)定时定量喂食

定时是指对于成年狗每天的喂食时间要固定，狗的时间观念很强，到了吃饭时间，你不给它食物，它就会叫个不停。

而且食物不可在它面前放置太久，让它尽量在10～15分钟内吃完，因为夏季食物放置太久容易变质，有可能导致爱犬腹泻。

狗的食量跟品种、年龄和季节有关系，生长发育中的幼犬比成年狗食量大，冬季比夏季食量大。定量就是每天喂食量以及喂食次数要固定，这对宠物狗养成良好的生活习惯非常重要，一旦它形成某种条件反射，就不容易更改。

(3)爱犬生病的喂养管理

爱犬生病了，最需要的是补充蛋白质、维生素和无机盐。但疾病往往会影响到消化机能，它的胃口不太好，食物不适口就会不吃，所以，为它准备的食物不但要易消化、有营养,还要十分可口。

患有胃肠道疾病尤其是呕吐和拉肚子时,会流失大量水分,这时就要给它提供充足的饮水或大剂量静脉输液。饮食上做到少食多餐,不要喂给脂肪和粗纤维多的食物,增加瘦肉或煮熟的鸡蛋等营养价值高的食物;对于体质瘦弱的狗,鸡肝是首选食品。

对于生病中的爱犬,除了合理调整和配制食物,还要管理好它的日常生活,及时清除排泄物;当它体温过高时,除了使用药物降温外,还可用酒精涂搽全身皮肤降温。

还有,就是让爱犬安静休息,不可与它逗玩,使它处于良好的治疗状态。

(4)照顾好老年宠物狗

大型狗到七八岁就算是老年了,被毛变成灰色或白色,皮肤松弛干燥,易患皮肤病,食欲减退;到了10岁以上,牙齿变黄,眼睛混浊,视力和听力减退。

大多数老年狗由于运动减少而变得又胖又笨,因此要注意控制食量,多喂些含有维生素的食物。老年狗食欲降低,消化功能衰退,这就需要少食多餐,喂给一些高营养、易于咀嚼和消化的食物。有的狗会患有颈椎病,进食的时候低头困难,可以将食器给它放得高一些。

骨头会伤害它的牙齿,不要喂给。另外,不能让它做复杂的高难度训练,运动量也应适当减少;老年狗的视力和听力都衰退了,反应迟钝,主人最好以抚摸或手势来指挥它,不应对它大喊大叫。

(5)爱犬的日常管理要点

①从食欲方面看，平时食欲旺盛的宠物狗，如果突然不吃东西，就要注意它的身体状况了。

②大小便是健康的晴雨表，每天观察爱犬大小便是否困难，大便是否过稀，小便颜色是否异常。

③散步的时候，如果爱犬刚出门就表现出想回家的样子，或者中途不想走了，它可能运动机能下降，或者身染疾病了。这时，不要训斥它或强迫它走路。

④平时主人回家时，爱犬总是欢快地跑来迎接，如果它懒得动或者呆呆地望着你，可能是生病的症状。

⑤经常抚摸爱犬的身体，发现它细微的变化，或有伤口之类的，可以及早采取措施。

(6)喂养中容易出现的问题

一般来讲，品牌狗粮完全可以满足爱犬对营养和能量的需求。有的主人担心大型狗的幼犬骨骼发育不好，在给它吃狗粮的同时还要补钙，却出现爱犬腿骨变形的现象。

当食物中的钙正常时，加入更多的钙会使身体血钙降低，造成食物中的钙被代谢掉，导致钙摄入不足，这就是画蛇添足现象。

喂养中容易出现的问题还有以下几点：

①有些主人担心爱犬吃不饱，喂食过量造成能量过剩而引起肥胖。

②以玉米为主，加入鸡架子等蛋白质组成不理想的食

物，造成宠物狗肚子较大而身体不好的结果。

③许多养狗人同时也养猫，猫粮是专门为宠物猫设计的，其中蛋白质和脂肪含量比狗粮多。长期吃猫粮的宠物狗会营养过剩而肥胖，甚至会发生尿路结石、糖尿病等。

四、狗的清洁和美容

为了使爱犬保持最佳健康状态，彻底而有目的的美容是必需的。

1. 美容准备

大多数宠物狗不情愿修剪趾甲，清理牙垢或梳理皮毛，但从幼犬时期开始接受美容的小狗会认为这些是家常便饭。

(1)梳理工具

给爱犬梳理被毛，要使用宠物专用工具，根据不同皮毛类型选用合适的工具。有天然鬃毛刷、针梳、钉耙梳、毛团梳、排梳、马梳和梳毛手套等工具：

天然鬃毛刷：用柔软的猪鬃、马鬃等材料制成，不易产生静电，可平滑被毛，均匀分配油脂。带有木质手柄的也称板刷，不带柄的称鬃刷。

针梳多用塑料作基板，植有梳针，还有木质基板的，称为板式针梳，在被毛梳理和美容工作中，针梳是最重要的工

具之一。针梳适用于容易缠结的长毛，梳毛时，梳针可深入到被毛的基部；遇到严重缠结的毛团时，针梳的弹性构造可避免扯断被毛。

钉耙梳也称奥斯特梳子，在梳子的头部有多排尖部呈球状的钉子，带有塑料或木质手柄，能有效去除毛团和死皮，又不会伤及毛发和皮肤，可用于长毛犬、刚毛犬和卷毛犬的梳理，对脱毛期的长毛犬很有用。

排梳也叫齿梳，大小型号不一，常用于长毛狗的梳理，可分为密齿梳、中齿梳和宽齿梳，以无柄梳子的使用较为普遍。密齿梳用于梳理柔软的毛发，不易将爱犬被毛下的绒毛折断，还可以梳掉它身上的跳蚤；宽齿梳对浓密厚重的毛发效果最佳。

(2)布置美容台

合适的美容场所有助于培养良好的习惯，方便舒适的美容室可引起主人为爱犬定期美容的兴趣。

理想的美容场所必须光线充足，移动自如，易于清理。无论是浴室一角，还是阳台上，要选择一个固定的地方。爱犬因此会意识到这是美容场所，也会为即将发生的事情做好心理准备，从而使美容顺利进行。

对于小型犬，可为它买一个美容桌，高度适当，易于梳理；表面防滑，以保证爱犬安全舒适地站立。或者，把更小的玩具犬放在铺有毛巾或防滑垫的浴室台上；大个头的爱犬可站在地板上接受美容，主人坐在凳子上随时变换位置，以舒适为准。

接下来，安排美容工具：刷子、梳子、剪刀以及其它需要的东西。将工具摆放在一个或几个篮子里，确保在视线范围内且触手可及。

(3)让爱犬适应美容

当给你的爱犬美容时，应该把全部的注意力放在它身上，跟它说话，表扬它，给它奖励，让你的爱犬意识到它对你来说很重要。

把每天的美容变成一个相互接触交流的过程，并且有计划地做下列练习：

①拿起它的爪子，轻轻揉搓趾甲并按压脚垫，同时不断表扬它，按摩完给它一小块饼干作为奖励；在它开始反抗之前停下来，但不要把这当成松懈的理由，每天加入一些新的美容步骤，让你的爱犬逐渐接受并享受这个过程。

②给它嗅闻趾甲刀，适当的时候剪一下趾甲，记得要不断的表扬它。永远不要低估表扬和奖励在美容中的作用，如果你心不在焉，甚至忘记了表扬你的爱犬，那么美容训练也许就会退步，它也会对美容失去兴趣和耐心。

③当你由于操作失误而使爱犬产生抵触情绪时，就要回到最初的训练。如果它突然害怕趾甲刀，就回到最初让爱犬嗅闻趾甲刀的阶段，表扬、鼓励并不时的奖励它。

记住，重来的时候一定不能着急，保持整个过程平稳进行。

2. 头部美容

头部是美容的重要区域,如果爱犬对此习以为常,专业美容师或医生的触摸会使它倍感舒适。

(1)眼部的清洁护理

眼睛因品种不同而各有差异,有深陷型,眯缝型,杏仁型,圆球型,微突型等等,护理方式也不尽相同。

短头或扁面宠物狗眼睛突出,缺乏鼻口的保护,突出的眼睛很容易干涩和受伤。需要滴眼露保持眼部湿润舒适,有些品牌的人用滴眼露同样适用,但需要征求医生的建议。

很多宠物狗的眼角时常会积聚分泌物,主人应坚持每天用湿布擦洗它的面部,用湿棉球把眼角清洗干净,切忌用棉球擦拭眼睛,以免刮伤眼角膜。用洗眼水或滴眼露为爱犬冲洗眼睛,每只眼睛滴一滴,之后用软布或干棉球擦掉眼角的异物。

浅色的宠物狗常常有明显的泪痕——眼睛下面褐色的条纹,针对不同品种的产品说明,在泪痕处的皮毛上(不要用于眼睛)涂以去除液。

如果发现爱犬眼部异常发红,或四周肿胀,应听取医生的建议。宠物狗眼部疾病虽然多,但很容易医治;还要检查眼睛是否清澈,眼部混浊预示爱犬有白内障的危险。

(2)耳道的清洁护理

在每月的定期美容中,多花些时间处理耳部的问题。

首先，检查耳朵外部是否有缠结的毛发和寄生虫，检查耳道内的垃圾和污垢，少许堆积很正常。但如果发现大量红棕色或呈条纹状，有异味的耳垢，就需要咨询医生了。

然后，检查耳毛。耳道里的耳毛会积聚污垢，细菌和水分，最后导致感染，修剪耳毛会使爱犬耳部更加干净和漂亮。

①修剪耳毛时，首先将爱犬的长耳朵向后拉到脑袋上方，平展地贴在头顶上，这样会关闭耳道中的细小部位。

②对于长毛犬，可用手指拔掉个别的耳毛，如果困难，手指可以蘸些耳粉以便更容易抓住耳毛，也可选用耳毛镊——拔耳毛专用的小镊子。不要一次拔掉两根，否则会引起疼痛。

短毛犬耳毛不易拔除，可以用小的钝尖剪刀修剪。

③当它耳部污垢很重时，可向外轻拉耳朵以便打开耳道，之后注入几滴清洗液或矿物油。按摩耳根一分钟使清洗剂顺耳道而下，之后放开爱犬使其摇头数次，以便疏松耳垢，用浸有洗耳水或矿物油的棉球将耳垢清出。

④垂耳的宠物狗耳洞里面和耳廓内侧的毛发需要剪短，这样可以增强气流，减少感染的机会。

(3)牙齿的清洁护理

狗齿比人齿更坚固长久，但都会产生牙菌斑和牙垢，粘性的牙菌斑如不清理会破坏牙龈而导致感染。口腔感染尤其危险，因为细菌会危及心脏。

你可以随时看出爱犬是否有牙垢：牙垢是粘在牙齿上

坚硬褐色的污物，仅仅刷洗牙齿，力度是不够的，你需要用刮牙器刮拭。有些宠物狗不介意主人为自己刷洗牙齿，而有些则抗争到底，因此要循序渐进地使它习惯牙齿护理的工具和方法，并给与奖励。

首先，让爱犬嗅一嗅牙刷，然后奖励爱犬大胆的试探。

第二天，再次让爱犬嗅牙刷，然后拿牙刷触碰爱犬的口鼻，不要忘记奖励爱犬。爱犬可能会不喜欢犬用牙刷的味道，不必担心，毕竟不是给它吃，关键是让它习惯刷牙的感觉。

第三天，一边和爱犬交谈，一边手握它的口鼻，分开上下嘴唇。用牙刷轻轻触碰牙齿，然后马上用奖品鼓励爱犬。

第四天，用牙刷在牙齿上摩擦几秒钟，之后奖励，任何时候只要爱犬感到紧张或害怕，立即停止，但是不要放弃。

最后，在牙刷上挤少许犬用牙膏或发酵粉、水性膏脂，然后轻快地摩擦牙齿。每次略微延长刷洗的时间，直到爱犬习以为常并陶醉其中为止。

3. 皮毛梳理

要使爱犬被毛光泽美观，应每天喂给富含蛋白质的食物，并且经常替它梳毛。

(1)梳毛的方法

每天固定时间，从头到尾进行梳理，梳到腰部时将爱犬翻过来，从颈部向下腹部梳理。要一处不漏地梳理，连尾尖

也不放过。梳理时，梳子跟皮肤成直角，如果梳子被毛发挂住，就用手压住毛根部皮肤继续梳理。

有些人给长毛狗梳理时，只梳表面的长毛而忽略了底毛，其实长毛狗的底毛细软绵密，长期不梳理，容易形成缠结，甚至引起湿疹等皮肤病。梳理时要把长毛翻起，然后对底毛进行梳理。

梳理时，动作要柔和细致，梳理敏感部位的毛发尤其要小心。被毛脏得很严重时，可使用护发素或婴儿爽身粉；对被毛缠结严重的宠物狗，要用钢丝刷子顺着被毛生长的方向，从毛尖开始梳理，再梳到毛根部。

(2)短毛犬的梳理

所有皮毛类型中，短毛护理最为方便。除梳刷和定期洗澡外，短毛犬美容所需甚少。

尽管没必要为短毛犬天天梳理，但至少每周为爱犬彻底梳理一次，而且，梳理会刺激皮肤分泌油脂，防止脱发、变脏和滋生寄生虫。实际上，和主人在一起，宠物狗能很快适应梳理过程，并且乐在其中。

短毛犬梳理需要的基本工具有：天然鬃毛梳，梳毛手套，橡胶马梳，打磨用鹿皮、法兰绒或丝绸，喷雾护发素。

①首先用梳毛手套彻底按摩梳刷皮毛。

②使用橡胶马梳去除枯发和脏物。

③用天然鬃毛梳将皮毛梳理顺滑。

④用方绒布打磨皮毛，如果想让爱犬神采奕奕，就轻轻喷些护发素，涂抹均匀，保持其毛发平滑。

(3)中长毛犬的梳理

中长毛犬易于梳理,可以保持自然状态,大多数不用修剪或定型。其毛发不易缠结,也不会吸附赃物,除经常梳刷和偶尔洗澡外,不需要太多的呵护。

中长毛梳理需要的基本工具有:针梳,耙梳,梳毛手套,脱毛梳,橡胶马梳,吹风机。

①洗澡后,一边吹风,一边用针梳或天然鬃毛梳沿毛发生长方向梳理。脱毛梳掉得越多,效果越好。

②剪短偏长的毛发,保持利落的外形;切忌剪掉一大段毛发后,才停下手退后观察,长时间近距离的修剪很容易做过头。

③经常梳刷,去除脱毛,无需改变外形保持自然状态即可,这是中长毛美容基本原则。

④最后,选择性的为爱犬喷些护发素,使毛发富有弹性,易于梳理。

(4)小型长毛犬的梳理

长毛犬需要在后背中分,梳理需要的工具有:针梳,小钉耙梳(用于去除毛团),梳子(细目,中目或宽目梳子,取决于皮毛的厚度),剪刀(用于修剪和定型),吹风机,蛋白护发剂。

中分梳理无疑是美容中最困难的环节。以下是洗澡后毛发中分梳理法:

①毛发擦干后,用吹风机吹干防止打结。将吹风机调

到凉风或低速状态，自下而上吹干针梳梳起的层层毛发；从腿部和后臀开始，从下向上不断梳理、抖松和拉直，使毛发没有缠结。

②待毛发干燥，或即将干燥时，从爱犬背部分理毛发。站在爱犬身后，将梳子尖放在它的鼻子上，每次一到两寸向后移动梳子，越过头顶，自后颈向下，沿后背直到尾根。每经一处，小心将毛发拨向合适的一侧。

③完成后，如果分界线不直，重新再来。

④接下来再分别梳顺两侧毛发，喷些护发素或发胶，保持毛发顺滑成型。

(5)发髻设计

发髻既漂亮又可避免长发遮住眼睛。扎捆和系彩带是宠物狗最普遍的发髻设计，适用于马尔济斯犬，西施犬和约克夏梗。

大多数长发短毛犬头顶扎一个发髻，而马尔济斯犬可扎两个发髻，一边一个。

①分开爱犬头顶上的毛发，在耳朵后部两耳之间形成一条直线。

②将一侧发髻握于手中，用橡皮筋绑定。细心绑扎，不要过紧，避免抻拉爱犬毛发；绑上蝴蝶结或发卡，可以在网上或宠物店买到宠物精美头饰。

一个发髻的梳法：一只手从两侧耳根向中部梳理毛发，另一手握住，以细齿梳逆向梳理，这样可使毛发蓬松，稍微拉紧头顶部的毛发，绑上橡皮筋。

将剩下的头部毛发修剪整洁。眉毛、颌毛、胡须向前梳理，要符合爱犬的头部造型，呈现出温文尔雅的姿态。

(6)大型长毛犬的梳理

大型长毛犬皮毛厚实，梳理耗时也较长，需要特别护理。梳理前一定要预先在爱犬的皮毛上喷些护法剂，否则会折断毛发，严重损坏发质。

大型长毛犬梳理需要的基本工具有：大型针梳，大型钉耙梳（用于日常毛团清理），钢丝梳（中目或宽目，取决于皮毛的厚度），耙梳，天然鬃毛刷。

洗完澡后，大型长毛犬的梳理方法如下：

①用毛巾擦干，将吹风机调至凉风或低速状态，使用针梳或钉耙梳自下而上分区域一边梳理，一边吹干。

②吹干后，用钢齿梳彻底检查是否还存有缠结或杂毛。如果爱犬正值掉毛或脱毛期，使用钉耙梳清理多余的皮毛；如果毛层厚实，要层层检查确保没有漏掉贴近肌肤的缠结或毛团。

③梳理爱犬头部，耳朵和面部的毛发。拔掉耳朵里长出的长毛以保持清洁。

④退后观察爱犬的体形，检查突出零散的毛发。剪掉个别的长毛，但不要改变总体造型。

⑤喷些护发素，保持毛发柔软成型，由肩部向前梳理毛发，抖松尾巴。

(7)卷毛狗的打理

卷毛很容易发干并缠绕打结，梳理前要进行干洗。用

护发素或油性喷剂洗涤后吹干，在毛发干燥的情况下梳理容易损害发质；绝对不要让它们泡澡，而是要用护发素喷洗，每天用刷子和梳子处理毛团结头。

梳理前需要准备下列用具：针梳、天然鬃毛刷、钉耙梳、稠密相间的金属梳、脱毛梳、剪刀——造型和修剪用、护发素或油性喷剂。

①毛发吹干至蓬松，面朝你的爱犬，用梳子打理头部毛发，使其不至于贴着脸，并剪掉盖住眼睛的毛发。

②口鼻部的毛发也要剪短再梳下来，不阻碍视线即可。

③头顶处的毛发修剪成圆形，与耳朵及颌毛浑然一体，形成半月的造型。

④让胸部的毛发与颌毛、脖子以及头部形成一体，使圆形延伸下来。

(8)梳毛的好处

宠物狗在春秋两季换毛，此时会有大量被毛脱落，影响室内卫生，如果被爱犬吞食还会影响消化。因此，要经常给爱犬梳理被毛，这样不仅能将脱落的被毛收集起来，防止扩散，而且还可促进血液循环，增强皮肤抵抗力。

给爱犬梳毛时，如果梳理得法，它会感到舒适，加强了主人与宠物狗之间的沟通。一般从幼犬开始养的宠物狗，都愿意主人为其梳理。但是个别宠物狗会下意识地反抗，改善这种情况的办法是，当你给它梳毛时，尽量采用温和的口气安慰它，也可在喂食之前梳理，让它产生只有梳理后才有东西吃的条件反射。

4. 洗澡

几乎所有的狗都怕洗澡,所以尽量在它幼年的时期就养成洗澡的习惯。

(1)洗浴场所

洗浴场所设在哪里呢?这首先取决于爱犬个头的大小,浴室干净的水槽比较适合约克夏犬,却盛不下拉布拉多。

给爱犬洗澡既要考虑它个头大小,还要考虑皮毛类型。长毛犬需要更多的时间和照料,如果主人俯身或跪地姿势不舒适,洗澡和护理效果就会大打折扣。

通常情况下,小型犬只需在浴室或厨房的水槽里洗澡。洗澡完毕后喷洒些消毒剂,擦干台面和水槽即可;如果水槽不能用,可以换成澡盆或洗衣盆,准备一个喷淋头,再找一条足够长的软管,一头接水龙头或淋浴喷头,一头拉到澡盆上方。

中等个头宠物狗适合在浴缸里洗澡,地上垫块毛巾防止滑倒。如果你不习惯跪在浴缸旁为爱犬洗澡,可以到宠物店购买价格合理的狗用澡盆。

如果你在浴缸里为大个头爱犬洗澡,它会视若无睹地走出浴缸,毫无顾忌的一抖,就会导致水滴满屋乱飞。所以,对于大个头宠物狗,让它站在浴室或夏天在外面用软管直接冲洗是最理想的。

(2)浴前准备

洗浴前做好准备工作，把洗浴用的东西放在伸手可及的地方。

为爱犬洗澡，需要以下基本用品：香波，吸水海绵，硬毛刷，软毛刷（清洁面部），防滑浴垫，手动喷头或冲洗用大塑料杯，塑料或橡胶围裙，一条厚毛巾（或两条）；护发香波，方便长毛或卷毛的浴后梳理。

如果爱犬患有皮疹、过敏、疥疮或其他敏感症状，选择专门的药用香波（可咨询医生选择哪种适合的香波）；如果有跳蚤，就选择含有抗跳蚤成分的柔性香波，比如除虫菊酯和柠檬油精等。

如果爱犬在洗澡时不能乖乖听话，就有必要给它套上尼龙项圈，并且系到皮带上。将皮带缠在固定的装置上，比如淋浴栏杆，或将皮带系到你的腰带上。

(3)分步洗浴法

一切准备好后，接下来的任务就是把梳理整洁的爱犬洗得干干净净。

①先用手试一下水温是否适宜，然后淋湿爱犬，皮毛厚度和防水性决定了彻底淋湿需要几秒还是几分钟。双层皮毛和卷毛防水性高，因此要确保皮毛彻底湿透。

按顺序梳刷会使又厚又长的被毛湿透。从爱犬身体后部开始，逐步向前，浸透后臀、躯干、前身，然后细心冲洗头部，避免洗澡水进入眼睛或耳道。动作要缓慢，同时与爱犬

交谈，鼓励它，帮它去除不适或害怕的感觉。

②爱犬皮毛完全浸透后，根据说明使用洗发液。摩擦海绵球产生大量泡沫，给爱犬全身涂满，但面部除外，留做最后清洗。

③接下来手握毛刷刷洗皮毛，按摩皮肤，均匀涂抹香波。也可将香波涂在手上，但泡沫不会很多，揉洗毛发时可以检查皮肤是否有异常肿块或突起。

④用小毛刷轻轻刷洗耳朵和面部，防止洗澡水进入耳道和眼睛。

⑤最后手握喷头或塑料水管，将皮毛上所有的泡沫冲洗干净。长毛、厚毛和双层皮毛冲洗时间较长，甚至是短毛有时也需要清洗数次，冲洗比泡沫搓洗时间会更长。残留的泡沫会刺激爱犬的皮毛，影响外观和手感，冲洗不当会导致皮毛暗淡分层。

(4)吹干被毛

香波冲洗干净后，长毛犬可以涂以护发素或发乳，并冲洗干净。护发素可以保持毛发柔软丝滑，但对短毛犬有些浪费，同时也会破坏刚毛犬质地坚硬的皮毛。

爱犬从浴缸里出来后，你会看到它甩出的一身水雾。甩摆后，短毛犬一般不需要吹干；对于长毛，可用手掌像橡皮刷一样在皮毛间揉搓，这样可控出更多的水分。之后，用厚毛巾尽量擦干毛发。

使用吹风机吹干被毛更利于修剪和定型，吹风机调到冷风或暖风状态，时刻注意防止吹风温度过高。一边吹风，

一边用针梳或天然鬃毛梳沿毛发生长方向梳理。脱毛梳掉得越多,效果越好。

对于直毛犬,要分区域快速吹干和梳理,保持滑顺,如果有些区域吹干后出现打结,蘸湿后再次吹干;对于卷毛犬,带扩散道的风筒可以保持卷毛原态。

最后,可以选择性的为爱犬喷些护发素,使毛发富有弹性,易于梳理。

(5)清洁爱犬的肛门囊

肛门腺是所有肉食动物所特有的,位于肛门下方,有两个蓄积分泌物并且会散发臭味的肛门囊。排便时肛门囊会自动清空,但有时会堵塞,出现炎症和排便困难,所以,对肛门囊的清洁是必要的。

当爱犬常在地板上打转,并不时舔咬肛门周围或尾根处时,您就需要为它清理肛门囊了。通常在给它洗澡的时候,就顺便把肛门囊内的分泌物挤出来。

先把它的尾巴拉向后背,充分暴露出会阴部,用一块纱布或纸巾盖住它的肛门,以便吸收渗出的分泌物。拇指和食指按住肛门下边约 2 厘米处轻轻挤压,使肛门囊内的液体缓缓流出。

注意,用力过猛会挤迫肛门囊。

5. 日常清洁护理

所有的宠物狗都需要打理外表。

(1)爱犬美甲

修剪趾甲是每月例行美容的一个环节。剪趾甲可以在任何时候,但洗澡会软化指甲,使修剪更简便,尤其对厚趾甲的大型狗而言。

剪趾甲需要的工具有:趾甲刀,趾甲锉或磨甲工具,止血笔或其他凝血剂,小块奖品。

①让爱犬在美容桌上坐好,面向主人,个头稍大的宠物狗站在地面上即可。主人半跪在爱犬身旁,这样有利于抬起它的脚掌进行修剪。

②左手轻轻抬起爱犬的脚掌,右手持趾甲刀,刀片与爱犬脚掌面保持平行,剪掉趾甲尖到嫩肉之下;如果爱犬感觉仰面朝天更舒适,主人可以坐在地板上,爱犬躺在你的两腿之间,这样,它的趾甲会朝向你,同时你能看到趾甲内侧嫩肉。

③使用趾甲锉或打磨工具,平滑粗糙的趾甲。使用电动锉之前,要帮助爱犬消除恐惧心理:

首先,向爱犬展示电动锉;启动电动锉,但不能接触爱犬;一次只触及一点趾甲,多多发给爱犬奖品,以表彰它面对电动锉的勇敢表现。

美甲完毕,爱犬的趾甲既漂亮又健康。经常修理和剪短,爱犬会逐渐习惯美甲程序,确保足部健康,运动自如。

(2)敏感皮肤的护理

许多宠物狗会因食物、外部环境,或吸入了异物而引起

过敏反应，过敏最容易反应在它们的皮肤上。最常见的是由跳蚤唾液引起的过敏性皮炎，过敏反应还会跟皮疹、荨麻疹，及严重的瘙痒同时发作。

一旦毛发缠绕打结，就用梳子小心打理。梳理要温柔，特别是用锋利的金属钉耙梳时，切忌拖沓而剧烈。若梳到皮肤，则使用天然鬃毛刷，而不是钉耙梳。

热斑看起来很像伤口，它蔓延的非常快，也非常疼。由多种原因引起：跳蚤、过敏、刺激、传染病、甚至是缺乏美容。热斑扩散蔓延是因为舔舐、抓挠，这也加剧了其恶化，直至感染。宠物医生处理热斑时，会剪掉感染部位的毛发，然后消毒。为防止爱犬因为瘙痒难忍而抓挠，有时不得不戴上"伊丽莎白颈圈"。

某些宠物狗对洗浴用品格外敏感，像香波、护发素、喷雾剂和除虫剂。如果你的爱犬有莫名其妙的皮肤反应，就先看一下最近是否换了新的美容产品或食物。对皮肤敏感的宠物狗来说，温和的、含有皮肤润滑成分的洗浴产品都是不错的选择。

狗和人一样，也会被晒伤，也会患上皮肤癌。可以为爱犬准备些喷雾防晒剂，这对那些毛发稀疏、肤色很浅以及浅色鼻子的宠物狗非常重要。给人使用的防晒霜也可以用，但得确保爱犬不会把它舔掉，为了安全起见，最好选择专用的无毒防晒霜。

(3)清理跳蚤

跳蚤是宠物狗身上最常见的寄生虫，像蚂蚁一样大，在皮毛之间快速爬动，离开它的皮毛后，会跳得很快，不容易捉到；跳蚤的叮咬对皮肤有强烈的刺激，使爱犬剧烈地抓挠自己，造成皮肤损伤。

梳理被毛时，在脚下铺一块湿白布或白纸，如果上面出现很多黑点或小红点，那就是跳蚤的粪便。用跳蚤梳慢慢给它梳理被毛，能把跳蚤从毛发间剔除。

如今，很多犬用香波都有消灭跳蚤的功能，用浴盆给它泡澡也可以淹死大部分跳蚤；对于不喜欢洗澡的宠物狗，还有跳蚤粉，拨开它容易寄生跳蚤的耳后、脖子周围和尾跟处的被毛，洒上跳蚤粉，从头到脚梳理一遍，每隔一天喷洒一次。

不要给爱犬使用杀虫剂，因为它有舔噬自己皮毛的习惯，如果给它舔到了这种化学药物，无异于吃了毒药。

跳蚤怕光，常常隐匿在宠物狗的铺垫或地板缝里，大部分时间不在爱犬的身上生活，只有吸血和产卵时才寄生在它的皮毛中。所以，对付跳蚤是一个长期的工作，当它皮毛里的跳蚤已被除尽时，还要对周围环境彻底清理。

另外，室内养狗最好不要铺地毯。对周围环境消毒可用 0.5％马拉硫磷液、溴氰菊酯等药物，用喷雾器对爱犬睡觉的地方以及周围喷洒。由于药物对虫卵没有杀灭作用，所以 10～15 天后再重复喷洒一次。

注意，不能经常喷洒消毒液，以免引起爱犬皮肤的不适；把它睡觉用的垫子用雪松、月桂、桉树、熏衣草等天然药物填充，可有效预防跳蚤。

(4)毛团处理

毛团就是毛发缠结成块状,结头非常多,不可能简单的梳理开。其危害不仅表现在外观不雅,还会吸引蚊子、灰尘和细菌,危及到爱犬的皮肤健康。

有些人直接剪掉毛团,这样会留下一个“洞”,或是直接把毛发全部刮干净。如果爱犬只有几处毛团,而且你又想留住那可爱的长发,那就试试下面介绍的方法。

首先要有合适的工具:

①油性护发素,不要尝试在没有用油性护发素喷洗的情况下除去毛团。护发素里的油性物质可以除去毛发上的鳞屑,并且浸透毛团,使之松散。

②毛团梳,一种类似于梳子的工具,只不过梳齿被刀片取代,用来将毛团切成小块,方便逐个处理。

③开结刀,一种带弯把手的刀片,用来切开毛团。

④剪刀,有的毛团可以直接剪掉,一把锋利的剪子就可以代替毛团梳或开结刀了。

⑤毛团被切成小块后,用钉耙梳除去剩下的结头。

一步一步清除毛团:

①用油性喷雾护发素浸透毛团,使其松散开来。

②从外部开始,试着用梳齿拨开毛团,用手指和梳子一次解开几缕。

③如果毛团依然很紧很大,不能用梳子解开,那就用毛团梳将其锯成许多小块,然后用开结刀一一切开。

④要是用剪刀,就一定要格外小心。扯动毛发很容易

把爱犬的皮肤拉起来，在切掉毛团时一不小心就会伤及皮肤。为了安全起见，要让梳子顺着皮肤和毛团之间滑动，剪掉梳子上面的毛团，保持剪刀和梳子平行。

⑤毛团被切成小块后用钉耙梳轻柔的把碎片刷干净。

⑥最后，用细目梳处理全身以确保所有毛团都被清理干净了。

注意：不要清洗缠绕打结的毛发！水会使毛团收缩得更紧，然后就更难清除了，所以要在洗澡前除掉毛团。

(5)爱犬被毛的保养

生活在寒冷地区的狗每到秋季，它的生理就会调整到一个合理的状态，自然刺激了被毛的生长以便御寒。但是被养在室内的宠物狗很少接触外界空气，被毛的生长调节状况就不如生活在户外的狗，应适当安排它的户外运动，促进被毛的生长。

宠物狗的毛发是一种角质的、柔软的、有弹性的丝状物质，含有较多的蛋白质。所以当它体内缺乏蛋白质、脂肪酸等营养成分时，毛发就会生长缓慢、失去光泽、容易脱落。

患有皮肤病的狗，它的被毛也会生长不良。皮肤病引起的剧烈搔痒使得它不停地用爪抓挠自己，破坏了毛囊和皮脂腺，使得皮肤粗糙、被毛脱落。因此，只有积极的治疗皮肤病，爱犬才会拥有光滑亮丽的被毛。

另外，营养的补充要适量，如果营养过剩而导致肥胖，就会造成被毛稀疏。因为在脂肪层很厚的情况下，它可以靠脂肪御寒，毛发生长也就不那么旺盛了。

6. 被毛的修剪

美容师要跟很多宠物狗建立良好的关系，他们不得不学习关于名贵犬种的一切知识，很快就会变成宠物专家。

(1)修剪工具

修剪工具有直剪、牙剪、弯剪、小剪刀、开结刀和电推子：

①直剪用于被毛的造型，以 7 寸剪最为常用，大型犬用 8 号剪刀。

②牙剪也称打薄剪，其一面为平口，另一面为梳齿状，用于修剪交界处的长毛，使修剪后的相邻部位看起来流畅自然，不会留下剪过的痕迹。

③弯剪多用于圆弧形线条的修剪。

④小剪刀即 5 寸剪刀，是精细操作用的直型小剪刀，用于修剪耳朵边缘的毛发和足底毛等。

⑤开结刀是塑料或木质手柄，头部有弯曲的齿形刀片，用于处理缠结在一起的毛球。

⑥电推子是宠物狗美容最常用的修剪工具，刀头型号有多种，不同型号的刀头修剪效果是完全不同的，比如，剔除宠物足底毛常用 1 号刀头，推剪背部毛用 3 号或 5 号刀头。

(2)北京犬的修剪美容

北京犬的被毛平整、纤长，无波浪和卷曲，纹理粗糙但

质地柔软，丰富的鬃毛从肩部垂下形成裙褶装饰颈部。脸部最好不要有太多的杂毛，胡须、触毛等可用剪刀小心剪短。

梳理前可用温水浸湿手巾，彻底擦洗全身以去除污垢。从肩部向前梳刷，将雾化剂均匀喷洒在尾部，向头部方向梳理尾毛，并从中间分缝。然后，再洒一些婴儿粉在上面，用指头涂开，用宽齿梳将尾毛梳理成羽状。

夏天天气热，可用剪刀由腹部向胸部内侧看不到的部位剪去约 1 厘米长的毛发；对脚内侧和趾间的毛发要按脚形修剪。

(3)雪纳瑞犬的修剪美容

修剪后，雪纳瑞犬应具备典雅的特征，密实的贝壳形眉毛，长长的胡子，光毛的耳朵和短小的尾巴，下腹部和前后肢的毛发要留长些。

修剪过程：

①从头顶到尾根部沿脊背正中线把长长的被毛向两侧分开。

②修剪头部毛发先从耳朵开始，用手固定住它的耳朵，耳廓背面和内侧的毛用推子贴着皮肤修剪，耳边缘处的绒毛用剪刀修剪。

③修剪面部时握住吻部，把两眼之间的毛发剪去，使两只眼睛区分开；把眉毛向前梳理，侧面的眉毛梳到鼻子的正中间，然后剪齐，再从修剪线斜向外眼角上方剪出一条弧线，使眉毛呈左右对称的贝壳形；胡须向前梳理平顺后，剪

成与脸颊平齐的矩形。

④头顶的冠毛可挽起来打一个蝴蝶结，也可分开扎成两个小辫子。

⑤头部毛发修剪完毕，从颈部的背侧开始，沿着脊柱用电推子顺着毛发的生长方向修剪，形成波浪形裙线，腹部的毛要推光。

⑥股内侧上部的毛发彻底剪光，下部至跗关节的毛发适度剪短。后肢膝关节至跗关节应修剪得与跗关节以下的毛发浑然一体，呈圆柱形。

⑦长毛区域和短毛区域的分界线用牙剪处理，使之逐渐过渡，显得自然美观。

(4)贵宾犬的修剪美容

贵宾犬的修剪和美容要体现出它娇贵和尊严的气质，它的被毛生长快速而且不换毛，所以，每 4～6 周就需要修剪一次。

修剪过程：

①先用 15 号刮刀的电剪刀清理面部，将口鼻处的毛贴根剔去，为了防止弄伤嘴唇，需用手拉住唇边进行推剪，眼睛到耳朵中部的毛发全部剔掉，留出圆圈式或法国式颌毛。对于头部较小的贵宾犬，为了弥补这一缺点，可把头上的毛留长些，并剪成圆形；头部较大的贵宾犬，应将其头部毛发剪短，而颈部的毛不需剪短。最后，将头顶部的毛发从根部扎紧，两边分开，体现出高雅的气质。

②躯体部分的毛发可适当修剪一下，前胸修剪后要显

得饱满、匀称，腹部的毛发用电推子剔掉。

③四肢修剪成圆柱状，后肢跗关节处的毛不剪，使下面部位与地面保持垂直。

④贵宾犬是唯一需要刮脚的犬种，这种修剪需要一定的练习，尤其是玩具贵宾犬那小巧的脚，需要专家来操作。用电推子把脚上的毛发全部逆向推干净，然后将脚趾分开，修剪趾间的毛发，注意，不要将推子刺入脚趾间。

⑤尾根部 1/3 处的毛用电推子推干净，注意，不要伤到肛门；尾尖部的毛发用剪刀修剪成球形，从尾根至肛门下方修剪成 V 字形无毛区。

最后要记住：

①在修剪过程中都要不断地梳理，这样卷毛才不至于变得一团糟。

②卷毛容易发干并且缠结，所以梳理前要喷些护发素或油性喷剂。

(5)约克夏犬的修剪美容

约克夏犬被毛浓密，发质如丝般光滑柔顺，没有一点弯曲和波浪。但是，拖地的毛发往往给行动带来不便，美容的目的是把毛发的长度控制在刚刚接触地面，头顶的毛发高高挽起，也可左右各编一个辫子，扎上发卡，呈现温文尔雅姿态。

修剪过程：

①首先，将它长长的被毛从头顶到尾根，沿着背部正中线向身体两侧分开，露出一条背线，修剪下垂的被毛使其刚

好接触地面。

②耳廓距耳尖1/2处的毛发用1号刀头的电推子推短，耳朵内侧和边缘部的毛发用剪子剪平，显现出v字形两耳尖。

③脚趾边缘毛用薄片剪毛刀剪掉，使足部呈圆形，前腿下部的毛发剪短，以免踩到脚下。

④整理背线，涂护发素并梳理全身被毛。

(6)西施犬的修剪美容

西施犬看起来雍容华贵，有美丽的长毛，颈部有丰满的鬃毛，背线很直，尾根高并且有长长的饰毛，耳朵、腿有多量饰毛；内层绒毛比较蓬松，头顶可扎成发束并配以饰物。

西施犬美容最基本的特点是将背部的长毛沿中线均匀分开，所以又叫作分毛犬，分毛犬定期梳理即可保持光滑亮丽的被毛效果。为了便于其行走，腹下的毛发用剪子剪掉1厘米左右；为了使翘起的尾巴更漂亮，可把尾根部的毛发剪去0、5厘米宽；脚上多余的丛毛应尽可能地剪去。

脸部的毛发容易遮挡眼睛，可以用橡皮筋扎成一个小辫子，再绑上蝴蝶结或者别一根发卡，可增添它的天真妩媚之态。

五、狗的训练与调教

对宠物狗进行训练就是把它的本能综合化、条理化，使它习惯人类的生活，配合主人的行动，供人们玩赏。

1. 训练的理论基础

训练宠物狗必须采取正确的手段和方法，才能保证它在短时间内适应人类的家庭生活，养成良好的生活习惯。

(1)驯狗的基本原则

驯狗的基本原则有两个，即诱导鼓励和强迫禁止。诱导鼓励包括美食、抚摸，夸奖等，强迫禁止主要使用声音和动作刺激。

①尽量给予夸奖与美食奖励。

训练不是虐待，如果经常用殴打的手段来教训它，会使它不信任主人。食物诱导在饥饿的时候效果最好，狗粮和饼干作为奖励食品，使用起来更方便。食物奖励还要结合口头夸奖，使爱犬已经形成的条件反射更加巩固。

②纠正错误要及时。

当爱犬正要犯错误的时候，应严厉而果断地制止它。如果事后再来训斥，它就会不明白为什么挨骂。更糟糕的是，经常不明不白地遭到训斥，它就会渐渐变得不听话。

③循序渐进，不厌其烦

宠物狗注意力集中的时间比人短，训练出现疲劳后就会变得反应迟钝，因此训练时间不能超过 15 分钟；同一动作不能重复训练 4 次以上，当天已经训练了一段时间的项目，无论它是否学会，都要等到第二天继续进行。

(2)驯狗的主要手段和方法

宠物狗虽然是比较聪明的动物，但它没有逻辑思维能力，不像人类能够举一反三，所以训练时不要对它要求过高。驯狗的基本方法有：

①诱导训练法。利用食物诱导宠物狗做出一定动作是最常使用的训练方法，比如训练小狗“站立”时，将食物举起在它的头顶上方，它想得到食物自然就站立起来

动作诱导训练是主人做出某些动作，引起宠物狗的注意和兴奋而完成一定训练。比如训练“过来”，主人发出“来”的口令后，蹲下身拍手或迅速向后跑，吸引爱犬过来。

诱导训练法的优点是形成条件反射快，能增强宠物狗对主人的依恋性；缺点是不易巩固，吃饱后或对食物反应不强烈的宠物狗，使用食物诱导法效果不理想。

②机械刺激法是采用按压宠物狗的身体部位和牵拉犬绳的方法，迫使它做出某些动作或控制其行为。比如“拒

食”的训练，当它想吃别人的食物时，立即牵拉犬绳不让它吃。

注意，在对幼犬的训练中，使用机械刺激不能过多过强。

③奖励和机械刺激相结合训练，是在宠物狗拒绝执行命令时使用外力迫使它做出某种动作，完成后就要给予奖励，结合抚摸和口头表扬。

这种奖励和刺激相结合的训练方法能使主人和爱犬建立起牢固的关系，是最有效的训练方法。

④机会训练法是在日常生活中，当爱犬有做出某种动作的动态时，及时利用此机会发出命令。比如“吠叫”训练，当它对外界刺激产生兴奋而吠叫时，主人就乘机发出“叫”的口令，然后给予食物或抚拍奖励。这样多次训练，也可以形成条件反射。

（3）训练时机的选择

宠物狗接受训练的时间越早越好，基本生活训练从幼犬断奶就可以开始，比如固定地点睡觉、排便等；出生后70天就可以进行服从训练，比如坐下、过来等；3个月以后是幼犬大脑发育最快，可塑性最强的时期，是基本动作和专业训练的最好时机。

受过早期训练的幼犬，长大后一般比较自信，具备现代家庭生活所要求的素质和表现。此外，经过早期的训练，幼犬对陌生的声音、东西以及其它一些容易使它分神的事物有了较强的抵抗力，以后接受各种动作训练的时候，注意力

将更加集中。

选择最佳训练时机，必须准确掌握犬龄。有两条渠道，一是从原主人那里了解；根据宠物狗的身体外貌和牙齿的发育磨损程度判断；

3 月龄的幼犬已接近成年狗的体貌，很像它的双亲，明显具有其品种的体貌特征；6 月龄幼犬的乳齿及三个门齿已长齐；8 月龄的幼犬全部换上恒齿。

一天之中训练的最佳时机是在喂食前的清晨时刻，一旦爱犬对某一口令形成条件反射，就说明它已掌握这项本领。

(4)训练分三个阶段

驯狗应从简单处入手，从易到难，首先要使爱犬开始训练时就能服从命令，并且有兴趣参加训练。训练宠物狗一个完整的动作不是一次能完成的，需要循序渐进，一般情况下应经历三个阶段：

①建立条件反射阶段，主要任务是培养宠物狗根据口令做出相应的动作。对它的正确动作要及时奖励，不正确的要耐心纠正。

②巩固条件反射阶段，机械刺激和口令相结合，反复训练一个动作，以强化条件反射的作用。比如，训练宠物狗坐下，必须一面按压它的臀部摆出坐姿，一面发出“坐下”的命令，一段时间后，它自然会把“坐下”的语言信息和相应的动作联系起来。

③环境复杂化阶段，要求宠物狗在有外界刺激干扰的

情况下，仍然能顺利执行主人的命令。

2. 驯狗须知

驯狗是一件耐心的事情，宠物狗毕竟是智商不高的动物，所以，训练要由浅入深，由简单到复杂，循序渐进才好。

（1）宠物狗的性格类型

根据宠物狗的大脑皮层兴奋和抑制过程的强度、均衡性和灵活性来分类，可把它们分为兴奋型、活泼型、安静型和抑制型四大类。

①兴奋型，兴奋过程优于抑制过程，行为特点是活动能力强、不受约束，阶位意识强，觉得自己比其他宠物地位高，甚至比主人地位高，外出散步常走在主人前面。

训练这种宠物狗时，不能急躁冒进，而且要重点培养它的服从性，树立主人权威。

②活泼型的宠物狗对刺激反应快，行动敏捷，灵活性强，对训练项目接受的快。但它很容易被身边的事物吸引而中断训练，所以训练应选择清静场所。

另外，要着重培养它的注意力，开始训练时间应短些，等它适应后再逐渐增加，这样会拉长训练期，主人需有耐心。

③安静型，温顺安静，有较强的忍受力，但思考和灵活性较差，对周围变化反应冷淡，外出不会横冲直撞。

它的服从性和稳定性比较好，非常听主人的话，也特别

依恋主人。对这种宠物狗训练时应着重培养兴奋性和灵活性，只要方法正确，再多些耐心，其学习效果会很好。

(2)对于胆怯型宠物狗的特别训练

一般来说，这种宠物狗对于周围环境的刺激很敏感，反应强烈但稳定性低。

它的情绪容易受外界影响，即使拿布条在它面前晃，它也会产生恐惧而逃跑，甚至对自己的主人也不信任。

对于它的训练首先应培养自信心和对主人的依恋性。训练前让它熟悉环境，训练中设法把它的注意力引到训练项目上来，多鼓励，声音和肢体动作夸大些，绝对不要给予任何形式的体罚，以免爱犬越来越胆小。

降低敏感度，适应环境变化的训练：

用录音机录下爱犬害怕的声音，如果它害怕打雷就录下打雷的声音。当它吃饭的时候，就用小一些的音量播放打雷的声音，以它能够接受并吃得下饭为宜；如果爱犬停止进食，就抚摸安慰它，然后在它能吃得下饭的情况下，逐渐加大音量。

每天爱犬吃饭时坚持训练，直到它习惯并接受这种声音为止。通过这种方法可针对任何它害怕的事物进行训练。

(3)宠物狗的记忆特点

狗的记忆力是很强的，它对自己走过的路，感兴趣的人和物记得很清楚。

①机械记忆,是宠物狗的天赋,能使它有效、省力、机械地重复过去的活动。

②情感记忆,宠物狗在特定的条件下,能够重复以前的心理状态,比如,爱犬看到主人拿出它的玩具,就会表现出游戏时的兴奋。

③联想记忆是宠物狗重要的记忆形式,大多数训练就是靠这种记忆方法完成的。比如它在某地某时被人惩罚过,时隔很久,当它再次见到此境此人时,马上会联想起当时的情景,并向此人发起攻击。所以,驯狗人尽量不要采用体罚的方式训练。

有些联想是有益的,有些则是有害的,比如发出口令"坐下"和"趴下"间隔5秒,那么爱犬记住的就不是口令,而是间隔时间,5秒后它会自动改变姿势。

(4)驯狗用具

训练宠物狗常用的器材有牵引带、项圈、口套和衔取器材。

①牵引带又称犬绳,由皮革或尼龙制成,用于牵引和控制宠物狗的行为。正确使用牵引带是训练成功的关键。

外出散步时,必须是主人牵着狗,而不是狗拉着人走。当它准备向前走或向其它方向紧拉绳子时,应猛地一下向后拉动犬绳,给爱犬的脖子施加压力,然后立即放松绳子,这一系列动作是在极短时间内完成的,因此绳子的正确牵法极其重要。

首先,牵引带的一端握在手中,另一端联结在爱犬的项

圈上，训练和外出散步时，绳子要保持适当的松弛。使用中最容易犯的错误是经常扯紧了绳子，这样爱犬的脖子经常存有压力，到纠正错误时再牵拉犬绳就失去了意义。

②口套是套在宠物狗的嘴上，用于纠正偷食和无故吠叫等习惯。

③衔取器材有木棒、木哑铃和皮球等小型玩具，大小应该是它能衔住而又不致于吞下去。

④玩具水枪用于必要时向它的脸上喷水，以制止其不良行为。也可用一次性注射器装上水代替水枪，但要拔去针头，以免针头脱落扎伤爱犬。

(5)驯狗的手势和口令

宠物狗的家庭训练由一人专门负责，最好是由每天给它喂食梳理的人完成，避免不同的人、不同的口令给它造成混乱。

①口令要简单明了，一旦固定就不能随意改变。另外，啰嗦的语言对训练同样不利，因为宠物狗很难记住很多字词，也就无法形成条件反射。

②训练宠物狗新动作时，口令的语气要温柔，结合抚摸及固定的手势。当它出现厌烦心理时则需要强硬的口气呵斥它，但手势命令不变。

如果爱犬正确地按照主人的命令作出动作，就用愉快的语气、抚摸等表扬它。

③同一种口令不能连续重复地发出。

④制止宠物狗行为的口令一律用“不”，同时表情严肃，

声音严厉，具有不可违抗的威力，必要时还要拉动犬绳。

3. 幼犬的早期训练

幼犬的早期训练一般都是简单轻松的，断奶后就可以开始基本生活训练，2～3 月龄的幼犬要进行服从训练，这些简单的训练会让它们受益终生。

(1)取个好名字

首先，给爱犬起个叫起来简洁响亮的名字，在喂食或游戏的时候呼唤它。通常，幼犬听到主人的声音，会机灵地转头张望，如果它听到呼唤就来到你的身边，就抚摸它或给以食物奖励。

间隔几分钟再喊它的名字，这时手里最好换一件幼犬喜欢的玩具或者更美味的食物；如果爱犬对呼唤没有反应，可拿着东西到它眼前晃动，以便吸引它的注意力。

呼唤爱犬的名字时语气应当友善，不要因为它没有反应而恼羞成怒地斥责它。这样做的次数多了，会使小狗害怕听到它的名字；如果经过一段时间的训练，小狗仍然没有反应，就想想在哪里出了差错：是不是音调过高，使它误以为你在斥责它，或者，它不懂你在说什么而无所适从？

幼犬的名字一旦开始使用，就不要随意更改了。当你无论什么时候呼唤犬名，它都能毫不犹豫地向你跑来时，就说明它已认同了这个名字。

(2)与幼犬建立亲密关系

与幼犬建立亲密关系,必须从第一次接触就开始有意识地进行,用温和的语调和它说话,每天给它可口的食物。当它对你表现出友好,并且愿意和你亲近的时候,就可以给它梳理被毛,带它去散步,和它一起做游戏,亲和关系也就水到渠成了。

另外,长期生活在狭小空间的宠物狗,十分渴望得到自由活动的机会,应每天带它外出散步,既可以使它在外面排便,又能增加运动,使幼犬保持正常的生长发育,更重要的是让它熟悉主人并产生依恋性。

捉迷藏是培养主人与爱犬亲密关系的更有效方法,同时也可检验它对主人依恋性的强弱。在它不注意你的时候躲藏起来,小狗见不到主人会表现出惊慌而来回奔跑,这时你就轻轻呼唤犬名,让它辨认你躲藏的方向。当它找到你时,应热情地给予抚摸或食物奖励。

(3)树立主人权威

在自然界中,狼群经常为了争夺统治权而挑起战争。可是,这种情况在主人和宠物犬之间几乎不会发生,因为犬把主人看作是群体的首领,它们对首领——主人是服从与信任的。

在爱犬还很小的时候就要树立起你的主人形象,在你和它之间确立一种等级观念,让它认识到在这个家庭中,你是它的头儿,吃饭的时候,你要先吃!你必须让它认识到它

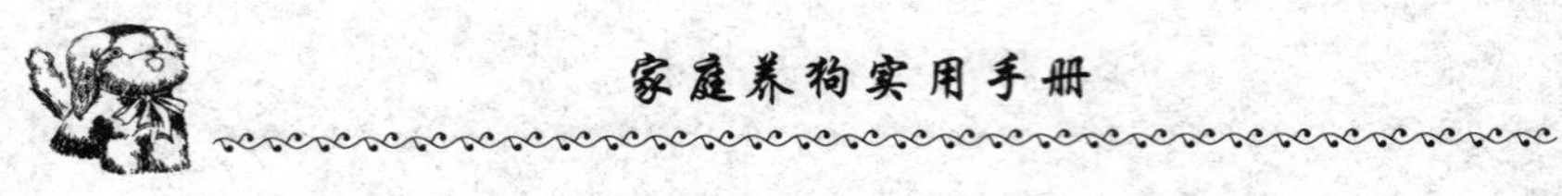

是这个家庭中等级最低的一个，这样它将来才能成为一条听话的宠物狗。

即使是与幼犬做游戏时，主人也要始终坚持主导地位，让它在游戏中处于从属地位并享受到嬉戏的快乐，绝对不能让它把游戏用的玩具衔走并放在窝里据为己有。家庭中，要让它知道每一个人的地位都比它高，它得尊重每个家庭成员才能从他们那里得到好处。

当然，明确地让幼犬知道自己在行为上和领地上的界限也是很重要的，不要给它自己做决定的机会，从一开始你就该坚定地告诉它什么可以做，什么不能做。不可纵容它的错误行为，如果你任其从茶几上叼走一块面包而没有及时制止，那么如此1～2次后再想改正就比较困难了。

另外，不能让它上你的床，一定让它睡在自己的“房间”里，这样有利于爱犬领地意识的形成，还保持了你作为主人的权威性。

(4)颈圈和绳子的牵引训练

选择可以把爱犬的头和前腿分别套进去的犬绳，在喂食或游戏的时候，不知不觉地给它戴上。这样，即使它一开始感觉不适，也会因为有食物吃或者玩耍而忘记这回事。

当爱犬对犬绳习以为常之后，就可以在它不注意时用手去抓颈圈。如果它有抵抗反应，你不能强拉颈圈使它就范，否则爱犬会讨厌犬绳。可以一边抚摸着它的脖子，分散它的注意力，一边再去抓颈圈；带它出去散步之前，给它的颈圈扣上牵引带，为了使它没有察觉，动作要轻快，然后鼓

励它跟着你一起走。

一开始，它会感到不自由，你可以顺着它用力的方向走。当它企图啃咬牵引带时，不要用力拉扯，那样它会闹得更欢。可以把它牵到食盆前，让它知道跟着牵引带走就意味着有食物吃。

当爱犬习惯了牵引带，不再挣脱跳跃时，就可以轻松地带它到外面散步了。不要把牵引带缩得太短，否则它会感觉不自由。如果它紧拽牵引带，你就将绳子顿一下，让它知道这样做不合适。

(5)幼犬和小孩

幼犬是很受欢迎的家庭宠物，尤其是小孩更喜欢与它玩耍，但要细心地管教好你的爱犬，要知道，它们的天性或者一些无意的行为都有可能伤着孩子。

在婴儿出生之前，就要训练家中的幼犬只能在你的允许之下，才可一起进入婴儿房。在把婴儿由医院带回家之前，可先将婴儿的衣物带回家，让爱犬闻一下，使它认识并习惯这种气味。婴儿到家时，它如果表现得很安静，就给它一些奖励。一般情况下，宠物狗不会嫉妒刚出生的婴儿，只要你像以前一样对待它。

当它想独占主人的情感而嫉妒甚至攻击小孩时，你就得这样做：当小孩不在面前时，你要冷落爱犬；当小孩和它在一起时，你要表现出对宠物狗的关心和爱抚，并喂它一些可口的食物，它就会渐渐明白小孩的出现同样可使它得到主人的关爱。

宠物狗和小孩一起玩耍玩时，你要在场监督，不要让它和小孩因为抢玩具而打架，也不要让孩子和它玩追赶游戏。这些事情看上去非常有趣，却会使宠物狗养成不良习惯。

当你的孩子长大些时，可让他做一些为宠物狗梳理、喂食等有趣的工作，孩子与它的感情会逐渐加深。一旦孩子与爱犬建立了亲密关系，它们就会形影不离，大人们会惊讶于他们之间的默契，即使不用语言，他们也会互相传递爱与信任。

有些品种犬尤其适合家中有小孩的环境，比如：拉布拉多犬、金毛寻回犬等，它们脾气温和，可以容忍小孩对它做任何事而没有怨言。

(6)让幼犬学会叼东西

宠物狗的衔取能力是从狩猎本能演化而来的，2 月龄的幼犬就会从地上叼起东西，这时用木棍、皮球等逗引它，可以开发衔取能力。

如果爱犬不会从地上捡起东西，你就用手递给它，它张嘴叼住后，就托住下颌让它保持一会，然后下命令“给我”。如果它不给，也不要去抢，否则将会在你和它之间展开一场争夺战，你可用食物换回它的衔取物。

幼犬喜欢兴奋地撕咬主人手中晃动的布片，你也可以把绳结、响球之类的玩具抛出，然后带着它一起去追赶，并且作出争抢的姿态。等爱犬将玩具衔起来的时候，再假意追赶，这就是模仿宠物狗之间互相嬉戏的动作，最后用食物换下它口中的物品。

如果幼犬对物品不感兴趣，就要想办法刺激它的衔取欲望：用绳子系住物品，然后来回摆动以激发它的衔取欲望。等它叼起来后，就鼓励说“好”，并且用绳子把它叼着的物品向自己拉动一下，使它叼得更牢固。

(7)控制吠叫

吠叫是狗的自然行为，但是，在人类的家庭生活中，我们应该让它知道什么时候该叫，什么时候不该叫。

经常把小狗独自留在家里，它会因为寂寞而低声悲鸣或者不停地吠叫。可以用宠物箱来解决，命令它进入宠物箱，像平常一样轻松地鼓励它或者喂点食物。当你离开家的时候，留给它一些带有你气味的东西，它就会把注意力集中在这些东西上而不是你的离开。

每次外出回来时，如果它表现得很老实，就表扬或者奖赏一点儿食物。

训练幼犬听口令吠叫。平时，利用它无意识吠叫的机会及时发出“叫”的口令，使它以为是听了口令才叫，再适当地给点食物奖励或口头表扬；对于不爱叫的幼犬，可用食物在它面前逗引，它想吃食物就会急得叫起来，这时发出命令“叫”，然后给它食物。

当然，还应该让它知道在该闭嘴时，就要保持沉默，当它叫着要食物时，就是不给直到它停止，让它保持安静一会，再给予食物。

(8)幼犬早期训练的意义

从幼犬的发育特点看，出生后的一年里是它生长最旺

盛的时期，也是它学习的黄金时间。这个时期的小狗可塑性强、力气小，并且没有不良习惯，训练可以取得事半功倍的效果。

①嗅觉的开发。对于2月龄的幼犬就可以开始进行嗅觉的开发训练，它们对外界环境充满好奇和探求，让它有意识地嗅认陌生物品，养成细致辨认的能力。

利用食物刺激的训练对于幼犬来说是最有乐趣的，带上它喜欢吃的火腿肠和牛肉干，找一块干净的草地，先给它吃一块火腿肠，然后将食物抛洒在地上，小狗为了尽快得到更多食物，产生了搜寻食物的动力，当它找到食物时，也就得到了奖励。

②幼年时期接受过训练的宠物狗，它以后更容易适应一些高难度训练，而且它们长大以后会比较自信。

③通过与陌生人和同类的接触，可以培养幼犬良好的性格，避免长大以后见人就狂吠和乱咬人。到了3个月还不接触人的幼犬，其野性就难以驯服了。

4. 基本训练

训练可以让一条平庸的宠物狗变得出色。

(1)训练宠物狗的注意力

对宠物狗进行训练，最重要的是集中它的注意力，只要注意力集中，教给它的动作很容易学会。但是，复杂环境下，它的注意力很容易被外界事物吸引过去。所以，我们要

训练宠物狗把注意力集中到主人的脸上,可以通过呼唤名字吸引它。

玩具也是吸引注意力的好帮手,在训练时使用爱犬特别喜欢的玩具,可以使训练收到意想不到的效果。但是,使用食物奖励应该慎重,这些美味食物有可能惯坏你的爱犬,应该让它学会通过行动得到食物。

训练宠物狗的注意力:

①选择一个安静的环境,手拿爱犬喜欢的玩具在它的眼睛和主人下颚之间,慢慢地来回移动并且呼唤爱犬的名字。

②爱犬听到呼唤抬头看主人,就把玩具给它,并给予夸奖和鼓励。

③如果爱犬无论主人怎样叫它,只是偶尔抬头看看主人,也要摸摸它的头给予鼓励或食物奖励。

④随着爱犬注视主人时间的增加,给予奖励的时间间隔也要增加,这样可使它注意力集中的时间更长。

(2)听口令过来的训练

“过来”的训练是为了更安全而有效的控制爱犬,让它学会听到口令“过来”,能够迅速地来到你的身边,这是提高服从能力非常有用的一课。

平常与爱犬一起玩耍或喂食时,利用它跑向你的机会,发出“过来”的口令,使它以为是听了口令而来到你身边,然后抚摸和夸奖它。对于幼犬可加上它的名字,这样可以帮助加深记忆;如果它不能对“过来”的口令做出反应,不要因

为生气而斥责它,也不能把它抓过来,这样做会使爱犬把“过来”这个命令和不愉快的事情联系起来。

利用犬绳训练过来,呼唤名字引起注意,然后发出清晰的口令“过来”,同时轻拉犬绳使它前来,在它向你靠近时,将犬绳拢在右手中,并且要不断地发出口令“好”鼓励它。注意,不要太用力拉扯犬绳。

反复进行“过来”的训练,当爱犬能够听口令心甘情愿地来到你身边时,就可去掉犬绳,让它听口令来到你身边。

注意事项:

①当爱犬注意你的时候下达“过来”的命令,否则训练没有效果。

②用犬绳迫使它过来时,不能强拉硬拽,应抖动犬绳有节奏地刺激它,达到使它来到身边的效果。

(3)坐下的训练

坐下是对爱犬的基本控制训练,是以后各动作训练的起点。平时抓住它自己坐下的机会,及时发出“坐”的口令,使它以为是听了口令才坐下的,然后就表扬和奖励它。

①训练爱犬正面坐下:一手握住犬绳距项圈 20 厘米处,将它引导至自己的对面,另一手拿着食物举到它的头顶上方,发出“坐”的口令。此时它为了得到食物就会抬起头,犬绳控制它不要跳起来,身体自然就坐了下来。它刚一坐下,就将食物给它或抚摸作为鼓励。

正确的坐姿应该是爱犬的鼻子朝上,对着你的脸,脚尖对着你的脚,尾巴水平地放在后面。

②训练侧面坐下是用食物引导它转到你的左侧，同时发出“坐”的口令。当它转到你的左侧时，把食物抬高，它要吃到食物就得抬起头，身体也就坐下了，然后把食物奖励给它。

侧面坐下的标准姿势是爱犬两脚整齐地放在身下，脚尖与你的脚背水平，两前腿跟你的腿一样直，注意不能让它斜靠在你的腿上。

(4)训练爱犬耐心等待

当爱犬能稳稳地在你对面或侧面坐下时，你就可以下达“等着”或“不许动”的命令了。等待属于基础训练，这可以让爱犬坐下后不四处乱走，尤其是在嘈杂的环境中，宠物狗的注意力很容易被其他事物分散。

训练有素的宠物狗，在“等待”命令下达之后，不但可以丝毫不动，还会一直看着主人，等待下一个命令。

训练等待要先命令爱犬坐下，然后保持手中的牵引带松弛，眼睛看着它的眼睛慢慢后退。如果它一动不动地坐着，你就回到它身边奖励；如果它企图站起来，你就要严厉地命令“不许动”，直到爱犬能够保持坐姿10秒钟。

随着训练的加深，逐渐延长它等待的时间和距离，并且在坐着的爱犬周围来回走动，让它的目光跟着主人的走动而移动。如果它仍然呆在原地等待，就走回来奖励它，可不要图省事而呼唤爱犬过去领赏。

当你无论与它距离多远，爱犬都会听口令乖乖地等待时，就可以解开牵引带，继续练习。

(5)前进的训练

前进的训练是使爱犬养成按照主人的手势和口令,向指定方向跑去的能力,此训练可使宠物狗过马路、跳火圈和上下汽车无所畏惧,勇往直前,也是雪橇犬、导盲犬等专业训练的基础。

训练时,主人手拿零食先给爱犬嗅闻一下,然后扔到远处,同时发出口令“前进”。爱犬被食物吸引,自然冲过去,这时主人也应快速跑过去,发出口令“好”来表扬和鼓励它。

在以后的训练中,要逐渐去掉食物引诱,发出口令“前进”,并且在爱犬看着你时抬起手臂指向前方。当爱犬跑向前方时,立即鼓励说“好”;在去掉食物引诱的初期,不要急于要求爱犬前进的距离,只要它听口令前进 3～5 米就及时奖励。以后逐渐增加距离 30 米以上,然后快速走到爱犬面前,命令它坐下再给予食物奖励。

对于喜欢玩具的宠物狗,可选择一个突出而独立的目标,比如大树、桥等,向目标处抛出玩具,同时发出命令“前进”,如果它跑向目标将玩具叼回来就奖励和表扬;反复训练,直到不用抛出玩具,爱犬听到“前进”的命令就能跑向目标。

有了以上训练基础,就可带它到前方有障碍物、水沟等复杂环境中训练,如果爱犬听到主人“前进”的口令,能迅速准确、信心十足地越过障碍物时,说明它已通过此项训练。

(6)听口令吠叫和安静的训练

为了保持和提高宠物狗吠叫的兴奋性,应不断强化和

奖励它正确的吠叫行为，在爱犬建立了吠叫的基本条件反射后，如果听到主人命令，宠物狗只有吠叫表示而不吠叫，应停止对其奖励，待它叫出声音后再奖励强化。

①带着爱犬到它不熟悉而又清静的地方，把它拴在固定物上。主人先逗爱犬使它兴奋，然后立即离开，与它有一段距离后停下。呼唤爱犬的名字，并发出“叫”的口令，这时宠物狗见主人走开已经有些急了，听见主人呼唤自然兴奋地叫起来。

爱犬吠叫时，主人应立即走到它面前奖励，之后放开它自由活动，这对于宠物狗来说也是一种奖励。

②安静是指宠物狗在欲吠叫和正在吠叫之时，能够听从主人命令保持安静的能力。

安静训练不能经常跟吠叫训练结合在一起，如果一起训练，应掌握好奖励和禁止的时机，安静口令应带有威胁性。

将爱犬拴在固定物上，拿出一个它害怕的东西或玩具，由远及近慢慢靠近它；当它欲吠叫时，及时发出“安静”的口令，同时抚摸安慰爱犬。重复训练直到它对安静的口令形成条件反射。

(7)趴下的训练

趴着的姿势可以让宠物狗在指定的地方等候主人，如果想让它长时间保持不动，趴着的姿势远比坐的姿势更可取。通过训练爱犬趴下，可以让它更清楚地意识到自己的服从地位。

首先,命令它面对你坐下,手拿食物伸到它的鼻子下面,再慢慢地放到爱犬前方地上。当爱犬随着食物低下头时,发出“趴下”的命令,同时轻轻地把它的肩膀向下按。如果它有反抗的反应,立即停止按的动作;如果爱犬的动作达到了要求,一定要好好地表扬它一番,给它喂些食物。

这样训练一段时间,直到它能听口令趴下,就可以进一步延长其趴下的时间:一边和它拉开距离,一边重复着“趴下”的命令,观察它的一举一动,如果它的卧姿没有改变,并保持很长时间,就回来给予食物奖励;如果它改变了姿势,立即用严厉的声音命令“趴下”,当它重新趴下时,就走过去奖励。

(8)听口令停止和坐下的训练

每一个人都会遇到这样的情况,带着宠物狗散步走累了想休息一下,这时爱犬却不配合。训练爱犬有令即停:

给它戴上项圈和牵引带出去散步,走一段路后,发出“停”的口令,同时轻拉牵引带引起爱犬注意,让它知道你要停下来;如果它停下来,就奖励食物,同时发出坐下的口令;如果爱犬没有坐下来的意思,就轻拍它的屁股令其坐下,再抚摸或表扬奖励。

重复进行训练,直到爱犬听到“停”的口令,就能停止和坐下同时完成。

(9)拒绝陌生人食物的训练

“拒食”训练是养成爱犬不在地上拣食和拒绝他人喂给

食物的习惯。平时就要让它养成在自己的食具内吃饭喝水的习惯;外出散步时,主人要留意它的行为动向,当它要拣食地上的食物时,立即猛拉牵引带制止。

具体训练步骤:

①训练它对“叫”和“吐”的口令建立条件反射。把爱犬拴在固定物上,找一个朋友作助训员,手拿食物很自然地接近它,如果它有想吃手中食物的倾向时,主人立即命令“吐”,同时助训员做出要打它的势态;主人接着发出“叫”的命令,同时假装要打助训员,激起爱犬的吠叫防御功能。

如果宠物狗对助训员吠叫或有攻击倾向时,助训员应快速逃走,主人及时奖励爱犬。这样的训练可重复进行多次,但引诱用的食物,助训员的动作,训练地点应每天有所变化。

②有了以上基础后,可进行脱离主人监督下的拒食训练。将宠物狗拴在固定物上,主人隐藏在附近,助训员将食物放下离开,如果它要拣食,主人在隐藏处发出命令“吐”;如果它不理睬地上的食物,主人立即走过来奖励爱犬。

③在地上摆放各种食物,主人用牵引带引爱犬经过,如果它要拣食,就下达严厉的命令“吐”,同时猛拉牵引带配合;或者放一块带有辛辣味的食物,它吞下后痛苦不堪,以后再也不敢拣食。

注意事项:

①拒食训练要在爱犬吃饱喝足后,才有效果。

②拒绝陌生人食物的训练要经常进行,才能巩固训练成果。

5. 家庭生活训练

当宠物狗与人类分享家庭生活的舒适和温馨时，应该让它懂得一点人类社会的规则。

(1)进出门时听口令

室内养的宠物狗特别喜欢外出活动，对于一开门就窜出去的狗，一定要训练它懂规矩，听口令行动。

用牵引带控制它进出门，打开房门之前命令它坐下，当它想飞奔出去时，就用牵引带制止。如果它听话，就带它出去散步；如果不听话，就不让出去，直到听话为止，回家时也让它听命令。

对于那些玩疯了就不爱回家的宠物狗，就强行带它来到门口，发出“进去”的口令，同时用手推它的屁股，将它推入房门；对于害怕出门的宠物狗，主人应给予鼓励，可用它喜爱的玩具引诱它出门或强行把它带出门，同时鼓励和安慰它，使它不再胆怯。

(2)让爱犬学会等候食物

很多人随便把食物丢给宠物狗，这会使它变得任性而没有教养。

为了使它养成良好的进食习惯，你应该严格规定喂食时间，早上或者晚上皆可。训练爱犬听口令开始吃饭，在口

令未下的时候，如果它冲向食物，就下命令“不行”，同时用手挡住它的嘴和鼻子，或者将食物拿开。反复几次，等它变得有耐心后，再下命令“吃吧”，把食物放在它面前。

注意：

①这个时间间隔要掌握好，如果太久就会影响爱犬的食欲。

②不能随便给它吃零食，当它表现得好或做出正确动作时，再将饼干、火腿肠等食物奖励给它，奖品要放在手上喂给。

③食具不能经常更换，让它认识属于自己的食物。

每次利用爱犬正在吃饭的时候，发出“吃吧”的口令，使它以为是听了口令才吃饭。当它领会了“吃吧”和“不行”的命令后，即使是美味食物放在它面前，它也会自觉地抬起头来征求主人的许可才行动，这项训练可以和拒绝陌生人食物结合起来。

(3)宠物狗大小便的训练

家庭养狗最重要的就是让它学会上厕所，最好从幼犬开始就训练它在固定地点大小便。

首先，对于小型狗，可在阳台或者浴室，找一个容易清理的地方做它的厕所，在角落里铺上报纸或找个便盆铺些沙子。成年狗排便有一定规律，一般是早晨醒来一小时内、进食后或睡觉前。

当你发现它在地上不停地嗅，或者弓起背转来转去时，赶快带它去“厕所”，等它排泄完就表扬一下。清理爱犬的

大小便时，稍微留下一点气味，方便它下次找到自己的厕所。

偶尔它在不应该的地方排泄了，你不要立即制止它，可等它排泄完再斥责，并立即把排泄物清理干净（不能留下一点气味，否则它下次还会嗅到此处便溺）；如果你在它排泄的时候强行制止，会导致爱犬排泄规律紊乱，以后它会在你不注意的时候跑到床底下等角落排泄，更加不好清理。

庭院中养狗，也应该为它划定区域排泄，不要任其随处便溺。宠物狗是不会在自己睡觉的地方排泄的，而且至少能忍耐4～6个小时，除非生病或腹泻。

(4)随行散步的训练

随行训练是带宠物犬外出散步时，让它紧紧跟在你的左侧并排前行，并且在行进过程中不超前不落后。包括牵引随行和自由随行两项训练。

训练时先给它拴上牵引带，使它位于你的左侧，左手靠近项圈拿起牵引带，其余部分从身前绕过来，缠在右手上。呼唤犬名引起注意，发出“靠”的口令，同时左手把牵引带向前一拉，以较快步伐前行。刚开始，爱犬还没有习惯随行，可能会左右乱跑，你要及时发出“靠”的口令纠正它，同时轻拉牵引带使它走在正确位置；如果它一直乖乖地走在你的左侧，就放松牵引带，并给以表扬和鼓励。

训练随行的行程不少于100米，几次训练后，当爱犬能乖乖地靠左侧随行时，就可以尝试着转弯或慢跑，训练它在变换步伐时的随行能力。转弯时可轻拉一下牵引带，提醒

爱犬注意，但不要踩到它的脚趾头。

当它在牵引带的控制下紧紧跟随着你，并且能随着你改变方向，就可以给它去掉牵引带，训练它听口令随行。如果它总是不听口令，就重新系上牵引带训练。

(5)礼貌对待来访客人

大多数宠物狗对主人的客人是抱以友善态度的，但它并不完全相信陌生人。当您的爱犬警惕地注视着来访的客人时，你要提醒客人不要理它，更不能用眼睛瞪着它，在狗的意识中对视就是在向它挑衅；有些宠物狗喜欢追着来访者嗅闻，常常令胆小的客人惊慌不已，如果这时把它关起来，爱犬会非常气愤。

对于有攻击倾向或在客人来访时吠叫不止的宠物狗，可采取以下措施：

①为了增加爱犬的胆量，主人要一直在旁边鼓励和表扬它，直到它有勇气主动走过来接近来访者。如果客人能允许宠物狗嗅闻自己，并且喂给它好吃的零食，就能很快化解疑虑。

②作为主人要对爱犬进行服从训练，在任何时候要控制它的行为时，都可以使用“坐下”或“趴下”的命令；对于有攻击倾向的宠物狗，用牵引带能够有效控制它。

③阉割可以降低公犬的领地意识，减少它攻击陌生人的行为。

(6)安静休息的训练

学会安静休息对于家庭宠物狗十分重要，因为它们最

容易在主人休息和外出时，表现得烦躁不安，还会对左右邻居造成影响。

你可以在宠物店里买到各种尺寸的铁丝笼或宠物箱，只要有足够的空间让爱犬在里面站立、睡觉和自由伸展就可以了。

里面放一些旧毛毯和主人衣物之类的物品，训练前主人先与爱犬游戏，当它疲劳后，发出“休息”的口令，让它进入箱子。训练初期，爱犬可能不愿进入宠物箱，可在里面放点食物，当它自己走进去以后，就表扬它，再额外给点儿东西作为奖励。

夜晚入睡前，每次运动后，都可进行此项训练。注意，犬窝的位置不能经常更换，让爱犬可以自由进出自己的住处。当它觉得犬窝是个可以安心睡觉的地方时，就能很自觉地进去休息了。

(7)文明进餐的训练

有些宠物狗在吃饭的时候，一旦有人靠近就会发出“呜噜”的威胁声音，甚至不允许主人碰它的食物，这是护食的本能，也是占有欲的表现，必须予以纠正。

①在它吃饭时，主人可在旁边陪着，并轻轻抚摸它的后背，让它认识到主人是食物的提供者；或者，当它正吃得津津有味的时候，把食物拿走，过一会儿再还给它，并且添加一些美味食物，反复几次，直到它明白毫无怨言地放弃食物，将会得到更多。

②减小占有欲的训练。给它系上牵引带，把食物放在

不远的地方，当它兴奋地想冲向食物时，严厉地命令“等等”，同时用牵引带控制它。如果爱犬能执行命令，就给它美味食物。

③当它叼着食物钻到桌子或沙发底下时，可以将刺激性强但无毒的液体喷向它的上方，破坏它对食物的占有兴趣，使它立即丢下食物。

(8)乘车训练

带宠物狗外出旅行，必须经过乘车训练。

①大多数宠物狗都会跟随主人跳上汽车，在车里给它零食会让爱犬更喜欢乘车旅行。

②对于第一次乘车的宠物狗，可开车带它缓慢行驶，如果有晕车反应，立即停车并且让它下车活动一下。

③逐步延长开车时间或者开车带爱犬去公园玩耍，它把乘车和去公园玩联系起来，以后就再也不会有晕车反应了。

④上下车的训练：打开车门时命令它“等着”，让兴奋不已的爱犬稍微冷静一下，再命令“上”；下车时也要等待命令“下”，才能允许它下车，这样可以避免爱犬冲到马路上发生危险。

注意事项：

①避免在交通拥挤的地方进行乘车训练，因为频繁的刹车会加剧晕车反应。

②乘车训练应连续进行，喂食之后不宜进行乘车训练，以免引起呕吐。

(9)与爱犬相处应注意什么?

宠物狗很敏感,与它相处不要让负面情绪影响它,你对它有一点不满意,它都能感觉到,所以训练时应该多鼓励和表扬。

①不要让它独自在家呆很长时间,那会让它产生焦虑和不安,不利于建立亲和关系;关注爱犬的情绪和行为的微妙变化,当它用身体语言表达意愿时,作为主人应及时分析和接受这种情感。因为只有很好地与它交流和理解,训练才能顺利进行。

②不要在嘈杂的环境中训练爱犬,你会感到非常困难,并且没有效果;在建立亲和关系之前,不要去尝试训练它,那样的训练不会有效果。

③不要总是用食物来与爱犬沟通感情,尤其在它吃饱之后,食物奖励就失去了价值。

④带爱犬上街时,一定要用犬绳牵着它,使它远离车祸危险。当汽车开过来时,命令它坐下等待。

(10)爱犬玩具的选择

玩具可以帮助宠物狗缓解精神上的压力,发泄多余的精力和体力,对于幼犬来说玩具还可以用来磨牙。

为爱犬选择的玩具一定要结实,因为它喜欢摇头晃脑地撕咬玩具,不结实的玩具碎片很可能会卡住它的喉咙。要让主人放心,爱犬玩得开心,就应该给它准备一些硬橡胶或尼龙质地的玩具,这些玩具耐用又不易碎。

不同的宠物狗喜好的玩具也不一样，像金毛寻回犬和拉布拉多犬更喜欢球类运动；对那些完全没有攻击性和撕咬行为的宠物狗，则可以给它一个毛绒玩具或软橡胶玩具。

如果有兴趣你可以自己动手做一些简单实用的玩具，和爱犬一起游戏。

①将自己不要的旧衣服卷成绳索状，在两端分别打个结。把一端扔给爱犬，让它咬住，另一端自己握住，然后就可以开始与它做拔河游戏。

②买一块猪骨头，一般用扇骨或筒骨，煮熟后晾干，在骨头外面缠几层干净纱布。嗅觉灵敏的爱犬马上就能意识到，纱布里面是好吃的骨头，它会想尽办法拆开纱布，然后一心一意啃骨头，这一天它就没有时间到处搞破坏了。

6. 玩赏项目的训练

宠物狗很有幽默感，它们简直就像喜剧演员一样，常常摇着尾巴，做出一些傻傻的行为，自己却还眨着眼睛一副不知所以的表情，这些滑稽的行为经常让人捧腹大笑。

(1)钻圈训练

让宠物狗进行钻圈表演非常惊险刺激，只要掌握了训练要领，对爱犬来说是没有危险的。圆圈的高度和直径由宠物狗的大小决定，为了防止翻倒，底座必须结实。

训练时，在圆圈下放置一个踏板，主人站在圆圈旁边，一手拿食物伸到圆圈中间引诱爱犬，另一手穿过圆圈握住

牵引带，发出“跳”的口令。如果爱犬犹豫不决，就用牵引带引导它跳过圆圈，然后充分奖励爱犬。

在无需诱导的情况下，爱犬能够听命令轻松敏捷地跳过圆圈，就把踏板撤掉或提高圆圈高度。当爱犬能听命令熟练地跳过一定高度的圆圈时，这时就可以请朋友来欣赏表演了。

注意，必须保证圆圈不会倒下。

(2)优美站立姿势的训练

站立是使爱犬两后脚着地，身体直立起来，保持较长时间的原地站立不动，对于梳理、清洁和为其检查身体都有着重要的意义。

训练方法：

①诱导。先命令爱犬坐在你面前，然后把它最喜欢的食物或玩具举在它鼻子上方位置，发出“立”的口令，爱犬想得到食物或玩具就站立起来，确定它站直后，把奖品给它。注意，不要让它往你身上跳。

②诱导和机械刺激结合训练，一手举起食物，另一手轻微向上拉动牵引带完成爱犬站立的动作，等它站稳了，给予食物奖励；然后，命令“等待”，让它把站立的姿势保持一会，每延长一点时间，都应该给予奖励。

③进一步的训练是巩固站立的能力，命令它“立”，手拿牵引带后退 2～3 步远，如果爱犬原地不动，就走过去奖励它。

④去掉牵引带，与爱犬相距一定距离，命令“立”，它如

果能准确地保持站姿15秒以上，站立的训练就算成功。

(3)作揖的训练

爱犬学会站立后，就可进一步学习作揖的动作。那些小巧玲珑的北京犬、博美犬等小型玩赏狗，最适合学习这个动作。

①首先，站在它的正前方，命令“立”，它起立后就给以奖励。

②用手抓住它的两前爪，合并起来上下抖动几次，同时发出“谢谢”的口令。动作完成后，给予食物奖励。

③经过几次重复练习后，与爱犬拉开一点距离，发出“谢谢”的口令，如果它能独立完成这个动作，就走过去奖励。

聪明的小狗很快就能学会作揖，有的甚至天生就会作揖；大型狗比如德国牧羊犬、拉布拉多等虽然可训练性强，但要让它学会站立和作揖可就勉为其难了。

(4)握手的训练

家庭宠物狗学会握手是很容易的，有些品种狗比如北京狮子犬甚至不用教，你只要伸出手去，它就知道把爪子递给你。

训练时，主人可半蹲在爱犬面前，命令它坐下，然后伸出一只手，发出“握手”的口令。如果它稍稍抬起一只前肢，你就握住并微微抖动，同时命令“握手”，然后用食物奖励它；如果主人发出口令后，爱犬没有反应，就手握食物引诱，它想吃就伸出前爪扒你的手，抓住这个时机下“握手”的命令，另一手握住它的前爪，同时把食物奖励给它。反复几次，它就形成了握手的条件反射。

在握手的时候，主人应不断发出“握手”的口令，并且表现出高兴的样子以激发爱犬的兴奋性。

注意事项：

①训练时，主人需要蹲下来与爱犬握手，这样它才能坐下来抬起爪子。

②要固定宠物狗的一只爪训练。

(5)翻滚训练

马戏团里经常可以看到小狗360°翻滚的表演，其可爱的表情和动作给人增添很多乐趣。翻滚是一项难度比较高的训练，是在学会坐下和趴下的基础上，才能开始这个动作的训练。

①首先，命令爱犬趴下，轻轻抓住它的两前爪帮它翻身。如果爱犬有反抗行为，就给它看手里的食物，并抚摸鼓励它，让它安心。

②当它肚子向上时，让它停住并给予食物奖励、抚摸表扬。

③继续帮它翻身直到肚子朝下，此时应再次给予鼓励。当它习惯在你的帮助下翻身，就可以加上“翻滚”的口令。

④逐渐减少帮助，直到发出口令它会自动翻滚为止。

(6)鉴别气味的训练

①鉴别主人气味的训练：

选出三五样它不常接触的小物件，与主人的物品——鞋垫、袜子之类，放在不远处，把需要嗅认的物品拿到爱犬的口鼻处，发出“嗅嗅”的口令，然后将其嗅过的主人物品摆放到那些物品中。

牵着它接近这些物品鉴别，如果它把主人的东西叼出来就及时表扬，然后用食物将此物换过来；把上述几样物品藏起来，带它在附近寻找，同时命令“嗅嗅”，此时主人跟在爱犬的后面，适当地给它点提示，当它发现了主人的物品并将其叼出来时，就用抚摸或食物鼓励它。

②鉴别他人气味的训练：

找几个朋友排成一行，相距 1 米，请其中一人把自己的鞋脱下来，作为嗅源让爱犬闻一下，然后穿好。主人牵着爱犬来到这些人面前一一嗅认，如果它嗅到脱鞋人面前时表现出了兴奋，就立即命令“嗅嗅”或“叫”，鼓励爱犬将这人从行列中拉出或吠叫——注意不能伤到人家。当爱犬完成这一训练时，要给予很好的奖励。

(7)为主人取物训练

在电影中我们经常可以看到宠物狗帮助主人叼来物品的画面，生活中我们也可以让爱犬帮我们叼取物品过来，比如让它把报纸从另一个房间“拿”过来。

①把爱犬带到物品前嗅闻一下，打开它的嘴，让它把物

品叼在嘴里，然后抚摸鼓励；也可利用它平时喜欢的玩具训练，比如皮球，把球给它闻一下，然后放在另一个房间。

②引导爱犬进入房间，同时命令“拿来”，如果它叼取了皮球，就表扬和奖励它。重复训练几次，让爱犬以为你在跟它玩衔取游戏。

③ 命令“拿来”，指挥爱犬自己走入另一个房间，将皮球叼来，这时用手里的零食将玩具换过来。

④用一些日常用品代替玩具训练，比如报纸、书包等，爱犬很快就能懂得它们之间的区别，并且为你叼过来，换取零食奖励。

(8)训练跳舞

宠物狗跳舞的游戏很有观赏效果，大多数中小型狗都能学会跳舞，尤其是北京狮子犬。

当爱犬已学会了站立，就可以训练它跳舞了。首先命令它站立，然后双手握住它的两前爪，发出“跳舞”的口令，同时牵着爱犬来回走。刚开始，它可能因为重心掌握不好而走得不稳，此时，主人应多给予鼓励和表扬。

来回走几次后，就放下爱犬的前爪，让它休息一下，并给予食物奖励。

当爱犬经过多次辅助训练，跳舞能力有了提高以后，可逐渐放开手，鼓励它独自完成动作，并不停地重复口令“跳舞”。时间不要过长，在意识到爱犬支持不住之前，命令它停止跳舞，并给予奖励。

最初只能跳几秒钟，随着爱犬跳舞能力和体质的提高，

可逐渐延长时间；训练后期，在爱犬跳舞的同时播放舞曲，如此经常练习，使它听到舞曲就会跳出优美的舞蹈。

(9)跳高训练

宠物狗天生并不擅长跳高，但是经过训练就可以形成一定的跳高能力。

刚开始训练时，要选择矮一点的栏杆。用牵引带牵着爱犬，主人先跨过去，同时发出“跳”的口令，轻拉牵引带使其跳过去，然后给予食物奖励；当爱犬能够轻易跳过较低的栏杆后，就可以逐渐增加栏杆的高度，最终高度应根据爱犬的身高、体力而定。

当它毫无困难地越过障碍后，就可以去掉牵引带进行训练了，但是，当爱犬越过障碍时，主人必须命令它呆在原地，直到主人为其戴上牵引绳并领它离开。

远距离指挥它跳高，主人带着爱犬站在距离栏杆 5 米远的地方，命令“跳”，这样爱犬就能助跑一段距离再起跳。

注意事项：

①助跑跳高训练，接近栏杆的速度不应太快，否则有可能碰伤。

②连续进行跳高训练 3～5 次，就应让爱犬休息一下。

(10)宠物狗参展姿势的训练

前面已经学过了站立姿势，如果爱犬体态均匀，那么站立姿势应该是使它很舒服的。有些宠物狗不愿意摆出这个姿态，是因为它不明白主人想让它做什么，或者训练时采用

了较重的手法，爱犬被提举、推压而产生不良条件反射，所以训练时动作一定要轻柔。

①首先，令它坐于随行位置，主人右手抓住牵引带，同时左手放在爱犬的后腹部，鼓励它站立起来。这时右手将爱犬的头部抬起来，使它舒适地站立。

②爱犬站立起来后，主人将手从它的后腹部移动到尾部，轻轻向后把它的尾巴摆正；托着头部的手移动到爱犬的前胸，轻轻向后推它，爱犬感觉到后退就会失去支撑，所以就会把身体前倾，自然呈现出昂首挺胸的姿态。

③当爱犬能够站立不动时，就下“定”的命令，使它保持站立姿势，然后主人向前方走几步。如果爱犬站立不动，主人就走回去奖励它。

④有的宠物狗站立起来后容易向前走，这时可令它面向墙壁站立或站立在高台上，如果向前走，它就会摔到下面去。

7. 与爱犬一起运动

宠物狗精力旺盛，每天固定的散步、游泳和游戏，可以让它发泄充沛的精力，保持心理和生理的健康；运动也可以拉近主人与宠物之间的关系。

(1)与爱犬做游戏

狗有天生的游戏行为，它对游戏充满了好奇和兴趣。有人认为游戏就是逗狗玩，其实不然，游戏对于驯狗有着非

常重要的意义，在游戏过程中人与狗之间建立一种互动关系，宠物狗在玩耍时也能学会一些技能，比如衔取物品，凭嗅觉寻找物品等。

衔取物品就是一种很好的游戏方式，拿出爱犬喜欢的一些玩具，它会很认真地从中叼出一个交给你，你把其中一个球扔出去，它会兴奋地追过去，然后衔回来交给你。

为了保持和提高爱犬衔取物品的兴奋性，应经常更换令它兴奋的物品，而且训练次数不能连续过多。每次正确衔取都应充分奖励爱犬，及时纠正它撕咬和私自玩耍衔取物的毛病，培养爱犬按照主人指挥衔取物品的服从性。

与爱犬一起玩的时候，要时刻注意它的情绪变化，它很容易兴奋得过了头，这时要拿开玩具，等它冷静一些再继续；当你想从它嘴里取东西时，一定要留心它的牙齿，它可能会不经意间在你的手上留下印记或伤口，用食物跟它交换是最好的办法。

（2）宠物狗运动注意事项

带狗运动要持之以恒，运动时间也要相对固定，不可以前一天让它激烈运动，而第二天没有时间陪它，就让它闲着。

①夏季运动应选择早晚凉爽时间，防止太阳直射而中暑，运动后应让它多休息并适当饮水，待呼吸正常后再喂食，切不可在运动前喂食。

②跑步能使爱犬的后肢强健，但长时间在坚硬的地面跑步会伤害它的前肢，可采取快步走和跑步结合的运动

方式。

③过分柔软的草地、沙地以及布满小石子的地方，不宜带狗运动，会扩大它脚趾的软化范围。

④相对于跑步而言，接飞盘运动更具有趣味性，在训练爱犬接飞盘时，应注意地面是否平整和周围车辆情况，以免发生扭伤或撞伤。

(3)游泳的训练

狗有游泳的本能，但要让它顺利下水，还是要经过一定的训练。

夏季，把爱犬带到湖边或河边，首先让它在水边熟悉一下环境，然后向水中抛出木棒或皮球引它下水，同时发出“游”的口令。当爱犬下水衔取物品上岸后，给予奖励；假如它表现出胆怯不敢下水，主人可一边往它身上洒水，一边让它跟随自己走进水中。

尽量不要用牵引带拖它下水，也不要把它抛入水中强迫游泳。

当水深可以使爱犬漂浮起来时，立即发出“游”的口令，这时它可能会慌张地用前爪胡乱击水，你就一手托住它的腹部，一手托在它的脖子下边帮它游起来，爱犬游泳的本能很快就会发挥出来。当它能平静地向前游走时，要给予口头表扬。

以后，逐渐增加游泳距离，命令它把漂浮的物品衔回来，或者你先游到对岸，招呼爱犬游过来。

注意事项：

①当爱犬发生溺水的情况时，立即把它拖到岸边，抓住两条后腿，头朝下让水从嘴和鼻孔里流出来。

②不要带它到急流或水草多的水域游泳，以免发生意外。

(4)增强幼犬体质的运动

对于幼犬而言，运动可以强身，增加信心，游戏、散步和游泳都能增加它的力气和耐力。经常游泳的小狗胸肌特别壮硕，而且游泳对它的骨骼、呼吸系统和循环系统等全身各部发育都有益处。

小狗的骨骼和体力还没有完全发育好，可带它到宽阔的地方，任它跑跑跳跳，也可以扔东西让它去拣。小狗容易疲劳，主人应关注爱犬发出的疲劳信号，比如无精打采，步伐慢慢悠悠，或者不断的喘气；喂食前让小狗玩其喜爱的玩具，或找一个年龄相当的小狗作玩伴，对它的身体和心理上的发育都有较佳的效果。

3 月龄以上的小狗，一天几次短时间的活动远胜过一两次长距离的运动。带着体质较弱的小狗散步最好用牵引带拉着，可以从手上的绳子感觉它是否疲劳了。

(5)与爱犬拔河比赛

出于天性，宠物狗十分喜欢拔河游戏，在这种有输有赢的游戏中，不仅增强了爱犬的咬力，还会提高它的服从性。

用手握住绳子的一端，摇晃着吸引爱犬的注意力，当它

咬住绳子的另一端时，你要拉住绳子不放手。在拉扯时不要和爱犬僵持太久，不要让它得到绳子，也不要让它觉得自己失败了，以防它对游戏失去兴趣。比赛结束时，要用爱犬喜爱的食物分散其注意力，然后收起绳子。

和控制欲强的宠物狗玩拔河游戏，你必须赢！如果你松开绳子，那么狗就赢了；如果它过于温顺，或者有些懦弱，那么就让它赢几次，使它变得自信起来！

(6)空中接物

犬类都喜欢玩接物游戏，但需要反复练习，它才能掌握接物技巧。

开始训练时，可用饼干等零食作诱饵，让爱犬正面坐下，拿出零食给它嗅闻一下，并后退几步，发出“接”的口令，同时把零食向爱犬嘴部扔过去。如果扔到合适位置，多数宠物狗都能用嘴接住；如果它没有接住，主人应迅速拣起食物，重新扔给它。只有爱犬在空中接住食物，才允许它吃掉。

几次练习后，爱犬就能明白你的动机是要求它在空中接住食物。当它掌握了这个技巧，就可以用球代替零食进行训练，这时，爱犬的兴趣不在于食物也不在乎球，而是游戏本身。

当爱犬轻松接住球后，你要用零食换回它嘴里的球。如此训练之后，它的游戏欲望越来越高，接物技巧越来越熟练，常常能跳向空中接球，这时，主人应充分奖励它。

接下来可使用飞碟与爱犬进行游戏，培养它在跑动中

跳起接物的能力。开始，飞碟的速度应慢些，如果爱犬能成功接住，就奖励它零食。然后变换方向，提高飞碟的速度，来提高爱犬的接物能力。

8. 宠物狗常见行为问题的纠正

生活在人类身边的宠物狗，经常会表现出与人的日常行为规范格格不入的某些动物本性行为，这些行为常被人们视为不良行为或恶习。有些宠物狗被遗弃，究其原因与这些不良行为的存在而又无法改正有很大关系。

(1)支配性较强的表现

①挑战主人的权威，想成为家庭中的领袖，不愿意行动自由被人限制。

②不服从主人的命令，不肯在主人面前仰躺露出腹部——腹部是它最脆弱的部位，露出腹部即代表服从的意思。

③常常扑向主人的宠物狗，认为自己的地位与主人平等。

④当主人管教或训练时，露出牙齿反抗或攻击主人。这种宠物狗自认为是首领，不愿意接受主人的管教。

⑤爬跨主人的大腿，这种不雅的举动常是公犬出现，这时立即命令坐下转移它的注意力，然后抚摸安慰它，几次制止与纠正后，它就不会再有这种不雅举动。

注意：

纠正恶习时，态度必须严肃；对于制止有效，但反应迟缓的宠物狗，可以配合机械刺激来加强记忆。

(2)无故吠叫的纠正

宠物狗吠叫的原因很多，寂寞无聊或者是催促主人带它出去散步，有时是发自对他人的警戒心，当然有些狗也会莫名其妙地吠叫。吠叫是城市养狗人最头痛的问题之一，必须用有效方法进行训练。

①呼唤它过来。每当它开始吠叫的时候，就喊它的名字以吸引注意力。不要在它吠叫的时候大声斥责，它会因为不明白被训斥的原因而继续吠叫。

②动作警告。向上提牵引带，给予严厉警告；抬起它的下巴警告。

③奖励和惩罚并用。当它吠叫时，一边大声制止，一边用水枪喷它的脸；当它安静下来时，要及时表扬和奖励。无论惩罚和奖励都要及时，让爱犬明白怎样做会受到惩罚，怎样做才会被表扬。

④充足的运动量可以消耗宠物狗的精力，在跑了一天后，它宁可好好睡一觉，也不愿浪费精力吠叫了。

⑤如果有东西可以堵住它的嘴，它就没时间乱叫了，在你出门之前扔给它一个玩具，可以让它打发无聊的时间。

(3)扑人问题的纠正

当爱犬看到主人外出归来时，会情不自禁地跳起来扑

向主人的怀抱。这种亲热举动有时会使你高兴，但这种打招呼的方式并不适合我们人类。

这种行为通常是宠物狗控制欲的表现。对于爱犬的这种行为，你可转身背对着它，或者在它扑上来时，迅速将它的两前脚放下来，不给它扑上来的机会，等它安静下来再抚摸表扬。

也可以用分散注意力的办法制止它的错误行为。在爱犬跳起来之前，及时向它发出“坐下”的命令。如果它乖乖地坐下了，你就弯下腰奖励它，或给它一个玩具转移它的注意力，这个办法适用于比较听话的宠物狗；对于不听话的，可用牵引带控制它，当它跳起来时拉住它，防止它热情地扑向你的客人。

(4)破坏行为的纠正

发生这种行为的原因很多，与爱犬的情绪状态有关，比如孤独、不明白主人的责骂或为了吸引主人的注意等；3 月龄的幼犬正是长牙的时候，由于奇痒难熬，它会啃咬任何见得到的物品，尤其是带有主人气味的东西，比如拖鞋、手机、家具等。

对于幼犬和成年狗要采用不同的方法纠正，对于幼犬要提供用来啃咬的玩具，并增加陪伴它的时间；对于成年宠物狗可采用下面两种方法：

①在它咬东西的时候，大声斥责并将此东西拿走。训练时给它系上牵引带，牵到它喜欢啃咬的物品附近，放松牵引带让它自由活动，当它将要啃咬这些物品时，立即发出

“不”的口令，同时轻拉牵引带予以制止；如果它停止啃咬物品，就抚摸表扬。

②外出之前把苦味喷雾剂喷到一些家居用品上，大多数宠物狗会讨厌这种气味。或者你不在家的时候，把爱犬关在宠物箱里或者限制在一个特定的地方。

(5)异常攻击行为

对陌生人怀有戒心是狗的本能，但是无故攻击人和其它动物是缺乏冷静判断力的表现。有的狗是因为成长期间遭遇了可怕的经历，形成恐惧心理而产生攻击行为；有的是由于控制欲太强而采取攻击的态度。

纠正方法：

① 带爱犬上街时，应该给它拴上犬绳，碰到它有攻击人的表现，就用手上的绳子打它；当它停止不良行为时，还要表扬或给予食物奖励。

②作为主人应该花更多时间进行服从训练，让爱犬做到有令即止。一旦它有攻击人的倾向，就在力量上压倒和威慑它，因为狗的群体就是通过力量建立起支配与服从的等级关系。

(6)异食癖的纠正

异食癖是指宠物狗拣食一些非食物性物质比如泥土、草和粪便等东西，这是最让主人头疼的事情。如果吞食了大量石子、塑料等物，还可造成肠梗阻。异食癖的原因有以下几点：

①营养不足，比如缺少维生素、无机盐等，或者缺乏蛋白质。

②由于平时喂食不当养成了不良习惯，比如经常把食物扔在地上，让宠物狗拣食。

纠正方法：

①看到爱犬拣食异物，就大声斥责，并把该物拿走。过一会再将此物放在远处，看到它要吃，就向它扔石头或用水枪喷它，使它受到惊吓而跑开。

注意，别让它看见是你在扔石头，这样它就以为是自己的行为引起的后果，反复几次，爱犬就能改正这个癖好。

②有的狗当着主人的面装模作样，背后却又恢复原状，可采取间接惩罚的方法：在它有可能拣吃的东西上撒些辣椒粉等刺激性的调料，使它拣食后倍受煎熬，从此不敢再吃。

(7)挖洞

没有一条狗不喜欢挖洞，对于它来说，没有什么事情能比在地毯和沙发垫上挖洞更让它开心了。

大多数宠物狗都会选在户外挖洞，找一处沙坑供它玩耍，可以解决挖洞的问题。在特定的地方埋根骨头或者爱犬喜欢的东西，然后让它自己挖出来。

一开始，你可以帮它寻找这些“地下宝藏”，大部分的宠物狗都很聪明，会很快发现并且记住这个地方，以后它便总是在这里挖洞。

然而，有些宠物狗挖洞的欲望比较强烈，唯一的办法就

是时刻关注它的行动。

9. 训练过程中容易出现的问题

当你严厉制止爱犬的错误行为时，它可能夹起尾巴，露出一副可怜相，这时你不能立即去安抚它，要让它明白什么是对，什么是错。

(1)宠物狗的心理障碍

①驯狗时，如果主人施加机械刺激过度，就会使它产生恐惧心理，表现为：两耳分开向后贴，尾巴夹在两腿之间向后退。

②厌倦心理表现为：训练时消极应付、逃避和无意识打哈欠，比如，命令它衔取物品时，它看着物品无动于衷，或听到口令后反而呆呆地看着主人。

③矛盾心理表现为：对命令反应迟疑或无所适从，比如，命令“过来”，它听到口令后，想走过来却又犹豫不决的样子。

④经过长时间的训练，宠物狗产生对主人依赖的心理，表现为寻找物品时，处处观察主人的表情和反应。

(2)驯狗人容易犯的错误

①对爱犬的受驯能力估计过高。狗不具有逻辑思维能力，也理解不了人类复杂的语言，只是会看人的脸色行事而已。

②驯狗人产生不耐烦情绪，用粗暴的态度对待它，这样会使它产生害怕主人的心理。

③对爱犬过于宠爱，事事都顺着它，使它养成不良习惯，以至于难以完成训练。

④发出口令时优柔寡断，语气不坚决，使爱犬迷惑不解。

⑤纠正错误不及时。在它犯错误的一瞬间就果断地制止，如果事后再来训斥，爱犬就会不明所以。更糟糕的是，经常遭到打骂的宠物狗会变得更加难以调教。

(3)惩罚的强度

宠物狗是情感丰富的动物，天真而且敏感，它会感觉到主人对它态度的变化，很多时候你只要板起面孔，或者严厉地警告它一下，它就会夹起尾巴，知道自己犯了错误。

每只宠物狗对惩罚的感受和反应也大不相同，有的挨了训就哼哼着表示反抗，对于这样的狗也不能姑息迁就，卷起一张报纸或者什么软的东西轻轻打它的鼻尖即可。

对于幼犬，如果惩罚的强度把握不当，可造成它胆怯或者失去忠诚心，这时你还得拿出玩具哄哄它，使它忘记烦恼。

(4)影响训练的因素

①主人因素。宠物狗每天和主人打交道，主人的表情和行为都会成为对爱犬的各种刺激，如果处理不当就会影响训练效果。比如，把训练用口令与爱犬聊天语言混和使

用，使它不知所以，难以形成条件反射。

②外界环境因素。风速、风向都会影响鉴别气味的训练，风向还会帮助或阻碍口令的传播；气温过高，超出宠物狗的适应限度时，会使它神经系统产生疲劳，影响训练效果；湿度过大影响气味的保留和传送，会使它的嗅觉不能正常发挥。

③超长时间训练使爱犬产生疲劳，不但不能缩短训练过程，反而会延长一个科目训练，甚至对它身体造成伤害。

④管理不当的影响。比如纵容爱犬乱跑，任它与其他宠物狗斗殴等，都会影响训练，所以，训练期间应密切注意爱犬的行为，防止它私自交配。

六、狗的繁育及照料

宠物狗也需要恋爱、交配和生育，为你的爱犬找到好配偶，是获得优秀后代的关键。

1. 发情

母犬有正常的发情表现，具备生殖功能，即为性成熟。

(1)母犬发情期的表现

通常，小型狗的性成熟要早一些，而母犬又比公犬早，有的母犬到了6月龄的时候就进入性成熟期了。

母犬性成熟后即出现有规律的发情现象，正常情况下，每年春秋两季发情，主要体现在行为、生殖道和卵巢的变化。发情的前期，母犬变得兴奋不安，不爱吃饭，但饮水量增加，小便次数增多，皮毛也分外光亮美丽，外阴充血肿胀，分泌物中有血丝。短毛狗不会自己舔干净，不要因为家里的地毯被弄脏就把它赶出去，这时候爱犬最需要得到主人的呵护。

发情前期持续一个星期，这时候母犬喜欢接近公犬，但

拒绝交配;母犬阴道分泌物渐渐不带血,变成灰白色,肿胀开始消退。它开始主动向公犬调情,扭着腰用屁股撞它,抬起尾巴并伸向一旁,露出阴部,逗引公犬来交配,这时公犬很容易爬跨成功。

发情后期是母犬拒绝交配的时期,持续 10 天左右,它变得恬静听话,外阴分泌物变得少而黏稠,不接受公犬爬跨。

母犬不发情有两个原因,一是营养不良,二是患有慢性病或生殖系统疾病。

(2)发情周期

发情周期是指母犬性成熟后,其生殖器官和肌体发生的一系列周期性变化,这种变化周而复始,一直到停止性功能活动的年龄为止。发情周期的计算是从这一次发情期开始到下一次发情期开始的一段时间。

发情周期的长短因个体而异,一般 4～8 个月,各个品种宠物狗不一样,最长发情周期为一年,比如藏獒等。

宠物狗属于一次发情动物,即发情一次无论受孕与否,均不再反复,而进入较长时间的休情期。母犬发情期分为 4 个阶段,即发情前期、发情期、发情后期和休情期,如果在发情期交配受孕,则发情后期就成为妊娠期和哺乳期,随着仔犬的断奶而进入休情期。

母犬在发情周期每个阶段所持续的日数并不固定,因品种、年龄而不同。

(3)发情异常的情况

①患卵巢囊肿的母犬会性欲亢进，持续发情，却拒绝交配，经常爬跨同伴或主人。

②安静发情，没有发情表现而怀孕，多数是由于生殖激素不平衡所致。

③假发情，母犬有发情的特征，但不符合发情周期的现象。这时它不会自愿接受交配，即使勉强配上了，也不会怀孕。这种情况牧羊犬、比格犬发生较多，可用雌激素调节治疗。

④母犬发情期超长至一个月，这种情况受胎率低，或者完全不受孕，大多与性腺激素缺乏或患有卵巢囊肿有关。

⑤发情不规律，休情期延长，这是过度肥胖、雌激素分泌不足的缘故，应调节母犬的食谱，并做些辅助治疗。

2. 为爱犬配种

性活动是宠物狗的一种本能，如果交配成功就可怀孕、产仔。

(1)选配优良品种狗

种公犬要选择年轻力壮、外貌美观的，两个睾丸大小不一样或只有一个睾丸的不能作种公犬；在配种时紧追母犬，频频排尿的公犬为最好。另外，要选择有交配经验的公犬，它懂得怎样接近和温柔对待发情中的母犬，主人可省了很

多麻烦。

交配是繁殖成功的关键，配种前如果有条件最好检查一下种公犬的精液质量，以确保受孕率，健康公犬的精液应该是黏稠的，呈乳白色。

用来配种的公犬要给予充分的营养，食物中要增加瘦肉、蛋、奶等，动物性蛋白质含量要高于一般喂养标准，碳水化合物要相对少一些，使爱犬既保持体格健壮，又不至于过胖或过瘦；如果蛋白质含量过低，会使爱犬精子数量不足，精液质量下降。但是，喂给蛋白质含量过高的食物，又会使机体环境失去平衡，精子活力下降，畸形精子增加；维生素和矿物质的补充也很重要，缺乏会导致性能力下降，甚至丧失生育能力。

公犬发情的季节性不像母犬那么强，但在春秋季母犬发情的时候，它也就性活跃起来。每日适当运动，可以提高公犬的精液质量，配种前严禁剧烈运动。

(2)交配过程

配种前2～3天要重点检查母犬是否有传染病，比如皮肤病和寄生虫病。

配种的最佳日期要看母犬在发情期的表现和阴道分泌物的变化，它接受公犬爬跨，或用手按压母犬的臀部，它的尾巴抬起，观察其阴户外翻并且一开一合时，就是最佳配种时间；阴道分泌物由红色变成稻草黄色后2～3天也是最佳配种日期。

公犬在很远的地方就能闻到母犬发情的气味，找到母

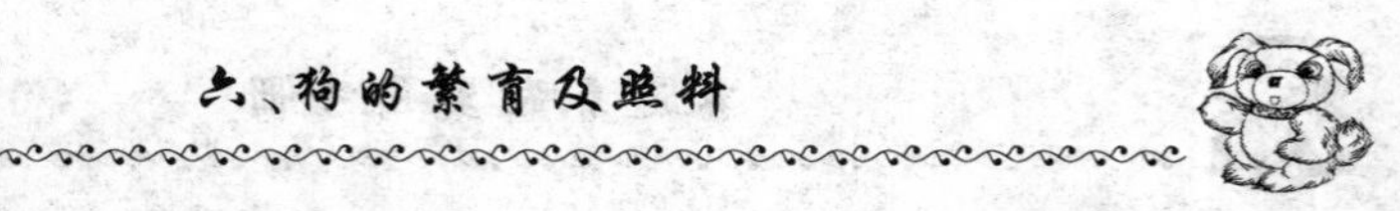

犬后就与其追逐调情。自然交配适合于体形相当，有交配经验的宠物狗。爬跨时间可持续 5～15 分钟，在这种状态下，如果强行将它们分开，就会影响公犬排出精液，甚至会损伤它们的生殖器。

自然交配只要一次就可以，但也有的在第一次交配 24 小时后进行第二次交配，目的是提高受孕率和获得较多的仔犬；如果两只宠物狗体形差别很大，或者母犬性情刚烈，公犬胆小没有经验，就需要主人辅助它们交配。交配时应使母犬安静，不能坐下或倒下，以免损伤公犬阴茎。

注意事项：

①母犬的初配年龄为 1 岁半，以第二次发情交配最佳；公犬的初配年龄为 2 岁。如果过早配种，会影响爱犬的生长发育，而且繁殖力下降。

②交配前 2 小时不能喂食，否则容易呕吐；交配 2 小时后可喂给些葡萄糖水或牛奶补充体力，不可做剧烈运动，否则就会使腰部凹陷，也就是“掉腰子”。

③交配后注意休息，可让母犬躺下，但不能坐下或排尿，以免精液流出。

(3)爱犬怀孕的表现

自然交配母犬的妊娠率只有 70%，采取重复配种的方法也只能提高到 85%，这对以繁殖为目的的养狗人来说，损失是可想而知了。及早判断爱犬是否怀孕，还可以采取补救措施。

怀孕征兆一般在交配后 1 周左右出现，从外观上看，母犬阴门开始收缩软瘪，有少量黑褐色液体流出，食欲不振，性情安静；2～3 周时，乳房开始增大，被毛光亮，食欲增加，少数母犬怀孕 23 天左右会有呕吐、食欲不振等妊娠反应；35 天可以看出腹部增大，体重增加，行动缓慢；50～55 天时，乳房涨大，腹部可摸到胎儿；分娩前 2 天无食欲，体重下降，出现乳汁；分娩前 1 天有作窝的表现，体温下降 1～2 度，拒绝进食。

B 超检查简单又精确，又不损伤身体，可以看清楚 18 天左右的胎儿，甚至可以看出胎数；尿液检查也很准确，并且可以早期诊断，交配 6 天后就可以用“速效检孕液”测出爱犬是否怀孕。

有趣的是很多母犬有幻想怀孕的表现，它会撕破报纸或毯子来做幼仔的窝，把玩具等东西当作幼仔照顾，如果有人碰了它那不存在的“孩子”，它就会发怒。作为主人应帮它摆脱幻想，让它多做运动，大概 2～3 个星期就会恢复正常。

不孕的原因：

①营养不良造成不孕，特别是缺少蛋白质和碳水化合物，整个肌体代谢发生障碍；但是营养过盛，患了肥胖症，会造成母犬不发情。

②配种技术不熟练，或错过合适的配种时间。

③生殖器畸形，卵巢、子宫以及阴道发生病变引起不孕。

④有些传染病如布氏杆菌病、弓形体病、钩端螺旋体病、结核病等，可导致不孕。

(4)照料妊娠母犬

宠物狗的妊娠期是 60 天左右，一般胎数越多，妊娠期越短。爱犬妊娠期间食欲增强，应充分喂给优质食物，保证胎儿的正常发育，适当增加一些肉类、鱼粉和骨粉等。

爱犬的体重会在怀孕的后 4 周迅速增长，食量显著增加，但是由于怀孕时子宫占据了腹部大量空间，压迫了胃肠，所以要多餐少食，以利于消化，临产前稍减食量。不要喂给冷水和冷食，以免刺激胃肠引起流产。

在分娩前 30 天可以给爱犬洗澡，保护好它的乳房，防止炎症；坚持每天散步和日光浴，这样有利于胎儿的发育，避免难产。到临产前为了避免意外，应避免长时间和激烈的运动。

另外，妊娠期爱犬的精神不太稳定，散步时注意不要让它和其他宠物狗打架。

3. 为爱犬接生

母犬临近分娩时，体温、食欲以及行为方面都会发生明显变化。

(1)母犬分娩前的准备

为爱犬配种后第 55 天左右，也就是预计分娩的前一周，主人就应该做好各项接生准备。

①要使爱犬分娩顺利，就必须给它营造一个舒适安静

的环境。临产前，准备好产房或产箱，产箱要暖和、干净，出入口要放个高些挡板，免得产下的幼仔跑出来。在爱犬预产前两三天就要让它进入产箱，以便熟悉环境达到安静分娩。

②接产用具和消毒液的准备。对产箱和爱犬身体进行一次彻底消毒，接生常用器具有剪刀、灭菌纱布、灭菌细线绳、注射器等，消毒药品有酒精、碘酒、来苏尔。

③分娩前为爱犬擦洗身体，尤其是臀部、阴部和乳房应保持清洁卫生，长毛犬应将上述部位的毛发剪掉，以免影响分娩和仔犬吸乳。

(2)分娩过程

母犬分娩前 3 天体温稍有下降，而当体温回升时就是即将分娩，这是判断爱犬分娩的重要标志；分娩那一天，它不吃东西，心神不定，常以爪抓地，这时若有主人在身边抚摸安慰，它就会安静很多。

分娩多在半夜或天亮之前，母犬子宫收缩，开始努责，初产母犬可能会痛得嚎叫。第 1 只胎儿产出时，身上被一层薄薄的胎衣包着，母犬会立即把胎衣舔吃，脐带咬断，并且舔干胎儿身上粘液；过 10～30 分钟又产出第二只胎儿，最长可间隔 1～2 小时。在产仔间隔期间，母犬有站起来走动的习性，当所有的幼仔出生后，它就会静下心来照顾它们。

判断爱犬分娩是否结束，就看它是否安静下来，不断地舔幼仔的被毛，不再努责。

下面几种情况容易难产：

①肥胖狗和胎数过多的狗容易难产，分娩过程中努责时间短又无力，两次努责间隔 30 分钟而无产出。

②第一个胎儿还未出来，阴道中却流出了黑绿色液体，说明母犬腹中至少有一个胎儿已死亡或即将死亡，此种情况必难产。

③小型狗产道狭小，而胎儿过大，容易难产；纯种狗尤其是短头品种的斗牛犬等，由于胎儿头大，容易发生难产。

④急于求成，给怀孕母犬注射过量催产素，使它子宫强行收缩而发生难产。

(3)接生

每个仔犬生下来的时间是不一样的，因此主人除了准备好温水、脱脂棉、剪子和止血药物，就是耐心等待。

有的仔犬出生时不会呼吸叫唤，出现假死现象，此时可将它倒提起来，左右摇摆，用吸球吸出口鼻内的羊水，用酒精棉球擦拭鼻孔粘膜及全身，并轻轻地有节律地按压胸壁，约 3～4 分钟后仔犬就能自己呼吸。然后，将仔犬放入温水中，洗去身上的秽物，再用毛巾擦干，帮它找到母犬的乳头，及时吃到初乳。

当爱犬难产时，不要慌乱，如果是胎位不正胎儿露出一部分，就用经过洗净消毒的手轻轻托住露出的部分，不要强拉，努责时顺势推回，再稍微转动一下，如果露出口鼻就有希望，待下次努责，顺势轻拉一下就出来了。

若胎儿两只后腿露出来倒生，可迅速往母犬产道内灌注润滑剂，再往外拉。胎儿通过阴门时，要用手捂住母犬阴唇，以防破裂。

助产出来的仔犬，母犬有可能不替它舔掉胎衣和咬断脐带，这些就要由主人代劳了。剪脐带的方法：将脐带靠近仔犬腹部处扎紧，然后距此处 2 厘米用消过毒的剪刀剪断，将脐带内的血向仔犬腹部挤压，扎结好，断处涂上碘酒。

分娩结束及时擦净爱犬身体，更换垫草，让爱犬嗅舔仔犬，建立感情。

4. 产后工作

仔犬出生后的第一件事就是呼吸。

(1)照料仔犬

仔犬出生后，第一次排便是很重要的，一般情况下，母犬会经常舔仔犬的肛门刺激排便。如果母犬不干，你就用酒精棉球擦拭仔犬的肛门以刺激排便。

仔犬出生后，体温调节机能还没有建立起来，不能适应外界温度的变化，要特别注意保温；如果环境温度达不到要求，仔犬就都挤在母犬周围，此时，母犬为了保温也会躺卧不动，在产仔较多的情况下容易压死仔犬，主人有责任在仔犬出生 3 天内随时看护。

还有，仔犬出生后要让它及时吃到初乳。仔犬出生时不具有免疫力，需要母乳提供的免疫球蛋白，这是其成活的关键，也可增强仔犬的抗病力。

大多数母犬会自己掌握哺乳时间和次数，但母性不强或因病乳汁少的情况下，它就很少回窝给仔犬哺乳。仔犬会饿得尖叫，所以接生后，不要以为大功告成把仔犬丢给母犬不管，应立刻控制住母犬，用手轻轻的挤捏其奶头，使奶水流出一点，然后将奶头塞到仔犬嘴里，同时用手扶住仔犬的头部，避免吃奶时滑落下来。

仔犬吃奶 10 分钟以后，你的手就能感受到它的力量很快变得强壮。

(2)产后母犬的护理

爱犬分娩后身体虚弱，外阴、乳房等处被羊水沾污，要快速帮它擦洗干净，然后让它们母子安静休息。

由于母犬产后疲劳一直卧着，容易得褥疮，所以应每天给它梳刷，用温水擦拭乳房，以促进子宫收缩，使胎盘迅速排出。产后一周，爱犬身体恢复得差不多时就可以洗澡了。

分娩后 6 小时母犬没有食欲，只喂给充足的温水即可。然后几天它食欲逐渐增加，往往因为泌乳的需要而贪食，但身体还未完全恢复，所以喂食次数应增加，做到少食多餐。

为了使母犬分泌出足量的乳汁，还要给它吃些营养丰富，易消化的食物，蛋白质含量不低于 50%，并且要补充钙和鱼肝油；对于奶水不足的母犬，可喂给红糖水、牛奶等，并添加维生素 C。

每次哺乳前轻轻按摩母犬乳房，可以减少乳腺炎的发病率；哺乳时间太长会把爱犬拖得愈来愈瘦弱，所以要及时断奶，为了防止乳房炎的发生，应在 5 天时间内逐渐给仔犬断奶。

5. 切除卵巢和阉割

经过卵巢切除或者阉割的宠物狗寿命会更长、身体更健康，负责的宠物主人不应该随意让爱犬繁殖。

阉割可以控制爱犬的侵略性，防止它长大以后过于凶猛和到处搜寻母犬的气味；母犬早期切除卵巢，能够降低患乳房瘤和子宫积脓的可能性。

在仔犬出生的第八周，就可以实施阉割或者切除卵巢手术。绝育的方法还有激素控制和发情期的处理，激素控制是对公犬注射激素混合剂，抑制脑下垂体机能，使其不能产生精子；对母犬使用避孕药也有一定效果。

发情期避孕主要用于临时决定不给它配种生育，或爱犬患某种疾病暂时绝育；在母犬发情时控制它的行动，或在其屁股上喷洒避交剂，使得公犬无法接近，从而达到避孕的目的。

宠物狗没有认知能力，它们认识不到自己已经被阉割了。手术后它会兴高采烈地回到家中，过一种更健康、更安全的生活。

七、狗的疾病及防治

一只健康的宠物狗应该好动、外向和高兴。

1. 关注爱犬的健康状况

主人与爱犬朝夕相处，最了解它的痛苦和快乐，应从生活的细节中观察它的健康状况。

(1)观察爱犬

从姿态上看，健康的宠物狗行动灵活，耳朵常随声音转动，显得活泼可爱；病犬四肢无力，垂着尾巴，呆若木鸡，躺卧时蜷缩着身体并且不时翻动。

从食欲方面看，健康的狗总有饥饿感，即使刚吃饱，见到美味还是忍不住要吃；如果它对调制得很好的食物不感兴趣，或者食量突然减少，可能是消化系统生病或者感染了某些传染病。

当你见到爱犬经常走近水盆想喝水，却看看就走开，或饮入的水又滴出来，这十有八九是患了咽炎；狗和猫一样，

是比较容易呕吐的动物，稍微吃的不合适，就可能发生呕吐。如果只是偶尔为之，而精神、食欲和大小便都很正常，则不必担心；如果它持续呕吐，并伴有其他症状，就要考虑是否生病了。

量体重可用手去感觉，若它的体重适中的话，你可摸到它两边的肋骨以及感到心脏的跳动声；如果摸不到肋骨的话，它就应该减肥了；若肋骨过度突出的话，它又可能太瘦了。

在爱犬的脖子上或背部掐起皮毛，然后快速放下，检查它皮肤的弹性，如果皱褶迅速消失，说明皮肤弹性好；反之，就可能有营养障碍、脱水或慢性皮炎等。

观察爱犬的肛门也能发现不少问题，健康狗的肛门周围应该是清洁无异物，如果有粪便附着或出现红肿，你就得考虑它是否消化道出了问题，或者是传染病的症状。

(2)头部检查

头部检查包括眼睛、鼻子、口腔和耳朵，健康狗眼睛灵活明亮。如果得了发热性疾病，眼睛里就有了像脓一样的东西；眼结膜苍白是贫血、长期消化不良或寄生虫病；眼睛发黄是肝胆疾病或钩端螺旋体病；眼睛发红是脑炎、肠炎和热性病；眼结膜呈蓝紫色是中毒或心脏病；打喷嚏和流眼泪是感冒的表现。

健康狗鼻尖湿润发亮，刚睡醒时发干是因为还未来得及去舔；热性病或代谢紊乱时，鼻尖干燥并发热，严重时龟裂；流水样鼻涕是鼻炎、感冒或初期犬瘟，脓样鼻涕是鼻窦

炎或有细菌感染；流涎和口臭是口炎、口腔粘膜溃疡的症状；摇头、抓耳是耳病的典型症状，如果耳朵内又脏又臭，可能有寄生虫感染，耳尖上有皮屑是疥癣病的表现。

(3)测量体温和呼吸

狗的正常体温应在37.5℃～39.5℃，上午的体温略低于下午，小型狗和幼犬的体温比成年大型狗稍微高一些，运动或兴奋时，体温会升高。

①检查体温要用手背触摸，如果爱犬的皮肤局部温度升高，可能是有炎症；温度过低是腹泻或中毒的表现；全身温度不一样，是血液循环障碍、感冒的症状；触摸耳根和耳尖，正常情况下，耳尖比较凉，如果耳尖与耳根温度相同或更高，说明它在发热，应及时查找原因。

②用体温计更准确，先将体温计的水银柱甩至35℃以下，用酒精棉球擦拭消毒，涂上凡士林油或少许肥皂水润滑。让爱犬安静下来，拉起它的尾巴，将体温计缓缓插入肛门，如果用力过猛会伤到直肠。等待3～5分钟即可取出查看，体温高于正常体温1℃为微热，高出2℃则为高热。

③测定呼吸次数可在它安静的状态下，观察胸腹部的起伏，正常情况下，呼吸次数应为10～30次/分钟，幼犬的呼吸次数比成年狗稍多。

④狗的呼吸方式可划分为3种：胸式呼吸，胸部起伏明显；腹式呼吸，腹部起伏明显；正常状态下，它是混合式呼吸，即胸部和腹部起伏均匀。如果患有胃炎、腹膜炎等腹部疾病时，就呈胸式呼吸；患有胸膜炎、肺炎等胸部疾病时，多

呈腹式呼吸。观察爱犬呼吸形式的改变是诊断早期病症的方法之一。

(4)不同品种狗容易生的病有哪些?

短毛的沙皮犬、巴哥犬和斗牛犬,因为身上的皱折容易藏污纳垢,所以易生皮肤病。

长耳垂过下巴的可卡犬,或是耳道内毛密集的贵宾犬、西施犬、北京犬、马尔济斯犬,容易因为耳道的通风不良而造成外耳炎。

凸眼的北京犬、西施犬、巴哥犬、斗牛犬,容易有倒生眼睫毛的毛病;沙皮犬的头部皱折多,容易眼睑内翻;白色的贵宾犬、北京犬、马尔济斯犬及博美犬,容易泪管阻塞,而有两条明显的泪痕。

短鼻的北京犬、西施犬、巴哥犬、拳狮犬,因为鼻子后缩,连带气管也转个弯,所以容易生呼吸道疾病。

超小型犬,容易乳牙恒齿并排,塞住食物碎屑,导致牙结石、牙周病、口臭,最后掉牙。

另外,小型犬因为骨架小并且脆弱,最容易骨折;骨盆窄,容易难产。

(5)预防肥胖症

肥胖会给爱犬造成很多危害,比如食欲减退或亢进,灵活性降低,渐渐和主人失去亲和力;肥胖狗还比较容易患关节炎、心脏病、骨折、糖尿病、脊间盘突出症以及内分泌系统的疾病。

检查爱犬是否肥胖可以用手从头摸到脚，如果在身体两侧、脖子周围以及尾根部摸到脂肪，就需要减肥了。再摸它的肋骨，要是没有明显的层次感，或是完全摸不到，这就是肥胖的表现。

肥胖的原因很多，有的是因为遗传，像比格犬、巴哥犬和腊肠犬等都是比较容易肥胖的品种；不合理的饮食是引起肥胖的主要原因，有的主人对爱犬过于溺爱，在它的食量和喂食时间上毫无节制；还有的是淀粉类食物——比如馒头，吃得太多，每天的活动量又少。

减肥的最好办法就是改变食物的种类，主食尽量用粗粮，比如玉米面就是宠物狗最好的食物，并且经常变换食谱，多给它一些高纤维低脂肪的食物。还要增加运动量，加速它的热量消耗，以减少脂肪的合成。

另外，便秘也会引起肥胖，在它的食谱中增加些富含纤维的蔬菜，可以通便。

(6)爱犬眼睛的护理

随时注意有没有眼屎，经常用湿巾或棉花棒搽一下眼角。如果眼屎又黄又浓，可能是燥热引起的，可每天用杭白菊泡水洗眼或者给它饮用，同时用氯霉素眼药水点眼睛(最好是宠物用的)，一天两三次就可以了。坚持一段时间，就能看到明显的好转。

有些眼球大或者睫毛倒生的犬，如北京犬、吉娃娃、西施犬、贵妇犬等，由于睫毛刺入眼睛而经常从眼角内流出很多泪液，看起来眼泪汪汪的，污染了眼睛周围的被毛影响美

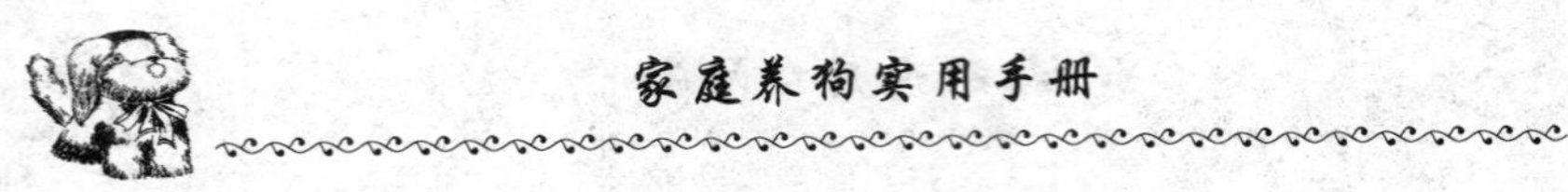

观，应每天或隔天用2%的硼酸液洗眼，另外可把眼睛周围的被毛和睫毛剪短，然后滴入消炎眼药水。

当幼犬发生某些传染病比如犬瘟热，或是患有眼病时，常引起眼睑红肿，眼角内有很多脓性分泌物，治疗方法是用2%硼酸棉球由眼内角向外轻轻擦拭，切记不可用干棉球，因为棉絮很容易粘在眼睛上。擦洗完后，再给它的眼睛内滴入眼药水或眼药膏，以消除炎症。滴眼药的时候应一手托住它的下颚，另一手位于其头顶上方，这样就不容易碰到它的眼睛。

沙皮犬因为头部有过多的皱皮，而使其眼睫毛倒生，倒生的睫毛刺激眼球，引起视觉模糊、结膜发炎甚至失明。倒生的睫毛量少时，就将其拔掉，量多并且严重时应到兽医处做手术，割去部分眼皮，但如果手术做不好，反而使眼皮包不住眼眶，甚至眼球露出。

(7)为什么北京犬爱打喷嚏?

北京犬鼻子短，打喷嚏是经常的事。鼻子短虽然好看，但是它呼吸时加热空气时间短，冷空气刺激鼻腔黏膜而造成打喷嚏和咳嗽。

很多养狗人见到爱犬频繁打喷嚏就以为是生病了，其实这只是机体对寒冷侵袭的正常反应。如果爱犬的鼻子流出分泌物，就摸一摸它的鼻头，如果湿润而且凉爽，则表明问题不大。

冬季带着爱犬外出散步时，最好不要让它快速奔跑，先慢走一会儿，待呼吸道适应了冷空气后，再进行剧烈活动。

2. 防疫和保健

疫苗是用来预防某些传染病的生物制剂。有弱毒苗和灭活苗之分,弱毒苗免疫效果好,注射后个别宠物狗有轻微反应;灭活苗免疫效果比弱毒苗差些。

(1)接种疫苗

仔犬出生50天以后,由母乳提供的免疫力已基本上消失,这时就要为其注射疫苗了。如果是刚从宠物店买回家的幼犬,最好先观察2周,看看没有异常情况再打防疫针。

对幼犬必须注射的疫苗有:

①狂犬病疫苗,每年定期注射一次。

②急性传染病类疫苗,急性传染病有犬瘟病、犬细小病毒病等,是由病毒引起的,死亡率很高,如果用了相对应的疫苗,就能具备完全的免疫力。

③犬传染性肝炎疫苗,传染性肝炎是由病毒引起的一种急性败血性传染病,严重的可使幼犬在一天内死亡,注射疫苗后,可终身免疫。

④犬布氏杆菌病是一种传染性极强的疾病,如果错过早期治疗,就会导致幼犬死亡。

幼犬要进行的三次接种程序是:

出生7～8周,第一次注射六联苗;出生11～12周,第二次注射六联苗;出生14～15周,第三次注射六联苗。

爱犬注射疫苗2周后才能获得较强的免疫力,在这之

前最好不要带它外出散步;疫苗有国产、进口以及混合型的,并不是越贵越好,重要的是认清是否在有效期内。

防疫可能失败的情况:

①幼犬自身免疫系统不健全或驱虫不彻底。

②健康状况不佳,比如感冒发烧或正在使用其他药物,这时接种疫苗,不但不能产生良好的免疫效应,还会加重病情。

③注射时间不对——多半是太早,在母源抗体还很多时注射疫苗,一部分抗原就被抵消掉了。

④疫苗过期或保存不当。疫苗不宜冷冻,37℃保存不能超过1个月,4℃保存不能超过1年。保存时间过长,免疫效果会降低。家用冰箱冷藏室保存即可。

⑤疫苗不宜在臀部注射,因为臀部脂肪多,免疫活性细胞少。

(2)幼犬驱虫

仔犬出生后,由于吃奶、舔毛等行为会感染肠道寄生虫,有的是由于胎盘传染。肠道寄生虫种类很多,有蛔虫、钩虫和涤虫,直接影响了消化吸收,造成消瘦、生长发育缓慢;幼犬爱吃泥土,或者经常在地上蹭屁股,往往是因为体内有寄生虫。寄生虫严重时,会引发肠炎,症状是腹泻和便秘交替出现,粪便带有粘液或血丝,贫血甚至死亡,俗称"翻肠子"。

仔犬出生后25日龄,也就是断奶以前,就应当进行驱虫了。根据粪便检查和它的体质决定驱虫时间,一般是25

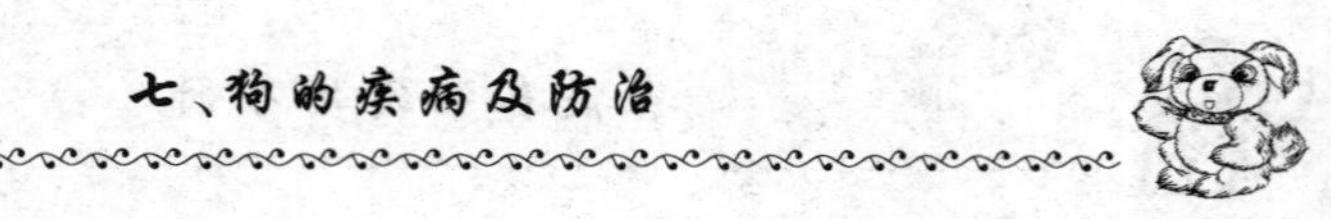

日龄驱虫一次,50 日龄第二次驱虫,3 月龄第三次驱虫,以后每半年驱虫一次。另外,交配前的母犬应驱虫,分娩后再和仔犬一起驱虫一次。

现在已有犬用综合驱虫剂,可一次解决所有的体内寄生虫,进口的有广谱高效驱虫药“和康达”,用量是每 5 公斤体重吃 1 片;国产药可用“犬虫一扫光”,用量是每 5 公斤体重吃 1 片,一次见效,两周后再用一次。

注意事项:

①人的一些驱虫药不能用于宠物狗。

②当幼犬发生严重的寄生虫性肠炎时,应该先增加营养或输液,然后驱虫。

(3)爱犬急救箱

如果你备有宠物急救箱,就可以随时应对它的小病小灾。宠物店可以买到急救箱,自己动手制作更实惠,里面应该有一些简单的工具:

首先是一个直肠温度计,将温度计润滑后轻轻插入它的直肠,可以更准确地测量体温;清理伤口的东西有过氧化氢,还包括抗生素软膏、一卷纱布和绷带,剪刀或止血钳也很有用。

当需要把异物弄出眼睛时,氯霉素眼药水就派上了用场,还可治疗结膜炎、角膜炎等,价格便宜。平时用氯霉素眼药水冲洗,可保持眼部清洁,对于有着凸起大眼睛的北京犬、巴哥犬等尤其有用。

外科用药还有：

云南白药，如果爱犬伤口流血，将药粉涂上即可；消炎粉是常用且有效的外伤消炎药，在伤口上涂抹后包扎一下即可；紫药水在伤口皮肤生长期使用；红霉素软膏在伤口恢复期使用，也可用于爱犬的化脓性皮肤病。

当爱犬便秘时，将甘油拴挤入其肛门是非常有效的。

如果你的宠物狗是公的，你可能会发现其包皮口经常有黄绿色的脓汁，这是生殖器发炎了，用洗必泰溶液冲洗，可以帮助它摆脱困扰。

(4)带它去宠物医院

在给宠物狗检查和治疗时一定要保定，因为即使是平时很温顺的狗，在惊恐或者疼痛的状态下，也可能咬人。

对于小型狗，可让它站立在台子上，主人一手握住它的口鼻部，另一手固定其头部，用于临时的诊断；对于大型狗，要选择大小合适的口笼给它戴上，这种特制口笼的材料有皮革的和铁丝的，或者取一米长的绷带绑住它的上下颌，短嘴狗要把绷带绕到颈部打结。

耳部保定法：一只手握住它的两耳，将它的头压向手术台，另一手按压腰部或握住前肢，可用于小型狗的药物注射。

侧卧保定是将它的两前肢和两后肢分别捆绑起来，使其卧倒，再把前后肢分别系在手术台上，用于静脉注射和局部治疗；仰卧保定是将爱犬的四肢分别捆绑于手术台上，露出腹部，适用于腹下部和会阴部的手术；伏卧保定是使它趴

在手术台上适用于耳朵的修整术。

注意事项：

①不能因为爱犬的哀鸣和挣扎而放松了保定。

②对于凶猛的狗要先麻醉再保定。

(5)手术后的护理

加强爱犬的术后护理可以促进伤口的愈合。

①对手术部位要装好保护带，或者给爱犬佩带伊丽莎白领——一种使它的脖子不能自由活动的项圈，防止它舔咬伤口，造成继发感染；你也可以自己动手，找一些可以利用的东西比如硬纸板，给爱犬制作颈环，使用时用纱布垫上，注意不要影响呼吸。

②手术伤口要经常涂搽2%碘酊和消炎药，保持包扎绷带清洁干燥，连续几天注射抗菌素，以防感染。

③细心观察手术后的体温、食欲和呼吸变化，伤口有无出血化脓现象。

④术后体质虚弱，要给予高蛋白、容易消化的食物，同时静脉滴注葡萄糖液补充体力。

⑤对于骨折的狗，不能让它外出剧烈运动，在骨骼愈合的中后期，可适当进行功能性锻炼，加速骨折处的愈合恢复。

(6)喂药

在给爱犬喂药之前，一定要仔细查看说明书，弄清药理作用、用法、用量。

对于尚有食欲的狗，可以将药片藏在它喜欢吃的食物中喂给；有的宠物狗很狡猾，当你认为它已经将药片和食物一起吞下时，它却将药片在嘴里藏了很长时间，然后找个你看不见的地方吐出来。对付它的办法是将药片捣成粉末拌在食物中喂给。

如果你的爱犬很乖，药片就可以直接喂给，一只手的拇指和食指伸入它的口中，打开口腔，另一只手把涂有奶油的药片快速地放在舌根处，然后轻轻合上它的下颚，将其头向上抬一会，抚摸颈部使它将药片吞下去。爱犬吞了药后会舔几下口唇，说明药片已顺利咽下，这时不要忘记表扬它。

如果要给爱犬喂药水，就得用塑料瓶或者到药店买个注射器，把针头拔下，然后把它的头抬平，但不可抬高，注射器从嘴角处伸入，缓缓将药水注入，不可过快，以免药水呛到气管中。然后托住爱犬的下颚保持一会，直到它把药水咽下去。

(7)打针

给狗打针有皮下注射、肌肉注射、静脉注射和腹腔注射4种方式。

①皮下注射要选择皮肤较薄而且血管少的部位，比如颈部或股内侧。易溶解、无刺激性的药品、疫苗、血清等都可进行皮下注射。

先将爱犬保定，局部剪毛，如果不想破坏它的外观形象，就用消毒棉球将被毛向四周分开，左手将皮肤轻轻捏起，形成一个皱褶，右手将注射器针头刺入皱褶处皮下，深

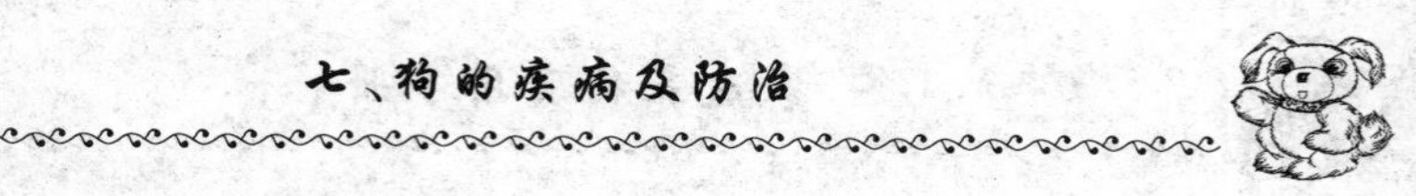

约1.5～2厘米，药液注射完后，用酒精棉球按住进针部皮肤，拔出针头即可。

②肌肉注射：刺激性较轻和较难吸收的药液，要作肌内注射。

注射时，选择肌肉丰满无大血管的部位，如臀部、背部和腿内侧。将爱犬保定好，左手拇指和食指将注射部位皮肤绷紧，右手拿注射器，使针头与皮肤成60度角迅速刺人，深约2～2.5厘米，回抽针管内芯，如无血液回流，即可将药液推入。注射时要以拇指和食指固定针头，防止其突然剧烈活动而折断针头。

③静脉注射主要用于大量补液、输血和刺激较强的药液如氯化钙、高渗盐水等，注射部位在前后腿跗关节上方静脉和股内侧静脉。

注射时用止血带扎紧注射部位靠近心脏的一端，右手使针头呈30度角沿静脉刺入血管，见到回血就将针头稍向前伸入，并解除止血带，然后固定针头，使药液缓缓滴注。注射完毕，左手用酒精棉球压住针孔，右手迅速拔出针头，局部消毒，避免血液流入皮下形成血肿。

④有些严重病例因血液循环障碍，不能进行静脉注射，而腹腔可以大剂量注射。

先让爱犬仰卧，两前肢系在一起，放于侧面，两后肢向外翻开，露出注射部位——脐和骨盆连线的中间点，腹白线一侧。局部消毒后，将针头垂直刺入，穿透腹肌和腹膜，当针头刺破腹膜时，有落空感，注入药液时无阻力，说明注射正确。

3. 常见内科病

与人类一样，宠物狗也会发生一些很复杂的内科疾病，而狗对疾病的忍耐力又远远高于人类，所以粗心的主人往往并不知道爱犬正在遭受疾病的痛苦。

(1)腹泻

宠物狗最常出现的病症就是腹泻，尤其是幼犬发病率更高，腹泻可使它营养不良，发育迟缓，严重时导致死亡。腹泻的原因：

①细菌感染、病毒感染、真菌感染和寄生虫感染所致腹泻，仔犬和幼犬多发。病原体侵入肠黏膜，并繁殖产生毒素，引起肠黏膜的变性坏死，有痢疾杆菌、大肠杆菌等；或在小肠上皮细胞繁殖，导致吸收功能障碍，产生腹泻，有细小病毒感染、冠状病毒感染等。

②消化机能不全导致的腹泻，多见于仔犬。仔犬断奶时，从母乳喂养变成了难以消化的颗粒饲料，产生断奶应激反应，体内酶的水平下降，影响消化和吸收，从而导致腹泻。

③吃得过多也可导致腹泻。爱犬出现暂时的食欲不振，待胃肠排空后给予容易消化的米粥或半流食，可逐渐恢复体力。

④胃肠道菌群失调可导致腹泻，长期大量使用抗生素，造成体内菌群失调，容易发生腹泻。

治疗措施：

①抗菌治疗。针对由细菌或病毒引起的腹泻，临床诊断白细胞增多时，需要使用抗生素，常用的抗生素有青霉素、庆大霉素等；不可乱用抗生素，否则使菌群失调，会加剧腹泻症状。

②补液。可口服补液盐（ORS），或自制糖盐水——白糖 20 克＋盐 2 克＋白开水 500 毫升，让爱犬饮用；严重脱水时就要静脉滴注，以补充水份、电解质和能量。

（2）口炎

口腔发炎不是大病，却关系到爱犬的营养吸收与健康。

①机械性损伤引起的口炎称为卡他性口炎。比如被骨头、鱼刺或金属等划伤口腔，被过热的食物烫伤而引起口炎，。

②口腔黏膜被细菌感染引起溃疡性口炎，霉菌性口炎是白色念珠菌感染引起的。

③吃了腐败变质的食物，可导致水泡性口炎。

口炎的症状是流口水，有口臭，肚子饿又不敢吃饭，当食物进入口腔后，刺激炎症部位引起疼痛。打开口腔，可见口腔黏膜、舌以及齿龈上有不同程度的红肿、溃疡。

治疗措施：

①对于卡他性口炎和水泡性口炎，可用 0、1％高锰酸钾溶液、3％双氧水、鞣酸或 1％～2％明矾溶液冲洗口腔，同时注射复合维生素 B 和维生素 C。

②溃疡性口炎可用 5％硝酸银或硝酸银棒腐蚀溃疡表

面，然后涂上复方碘甘油溶液。

③霉菌性口炎可涂搽霉菌素软膏。

④改善饮食，喂给容易下咽的流质食物比如牛奶、稀粥、肉汤等，补充维生素B。如果爱犬体质衰弱，可适当输液补充葡萄糖。

(3)胃炎

急性胃炎是由于误食化学药品或刺激性东西引起，腐败食物的毒素刺激胃黏膜也会引起胃炎。有些传染病比如犬瘟病、犬传染性肝炎和犬细小病毒病等引起急性胃炎，这些是幼犬容易发生的疾病；慢性胃炎多见于成年宠物狗。

急性胃炎最明显的表现是呕吐、腹痛、弓背，没有食欲，喜欢喝水，但饮水后呕吐加重，严重时会引起脱水；慢性胃炎表现为食欲时好时坏，顽固性呕吐，舌苔呈黄白色，口腔有臭味，逐渐消瘦，被毛杂乱没有光泽。到宠物医院检查胃液，胃酸减少，并含有白细胞和细菌。

治疗措施：

①首先是停止喂食12小时，静脉滴注5%葡萄糖水20～40毫升/千克体重，加入5%碳酸氢钠4～40毫升。

②止吐可肌肉注射阿托品或胃复安，每天2次。

③抗菌消炎，每天2次肌肉注射庆大霉素1万单位/千克体重，或每天2次口服庆大霉素。

④治疗期间应少量多次喂给易消化的食物，比如牛奶或煮熟的鸡蛋。如果爱犬食欲不好可给它吃些酵母片，每次0、5～1克，每天2～3次，连服4～5天。

(4)便秘

下列情况容易导致便秘：

①长期喂给动物肝脏和肉类等粗纤维少的食物，使爱犬肠蠕动减慢而便秘。

②肠炎或缺乏运动可导致肠蠕动不够而便秘。

③异嗜，平时吃了大量沙土、石头等杂物，也可导致便秘。

④为了补钙而食入太多骨粉而又不运动的宠物狗，也会便秘。

⑤服用药物所致便秘，比如碳酸钙、阿托品、硫酸钡等。

便秘是宠物狗最常出现的一种症状，表现为排便困难，用了很大力气只能排出一些干粪球，有时因肠壁破损而带血丝，往往伴有腹胀、腹痛，烦躁不安。爱犬长期便秘就会吃不下东西，如果不采取措施，就会因心力衰竭而死亡。

治疗方法：

①使用开塞露或甘油拴通便，甘油对肠壁有刺激作用，能引起反射性排便。

②服用泻药，有刺激性泻药（大黄）、盐性泻剂（硫酸镁等）、渗透性泻剂（甘露醇）和润滑性泻剂（石蜡油等），使用时间不可超过一周；对于长期慢性便秘的宠物狗，可用盐水或肥皂水灌肠，盐水的刺激性小一些。

将涂了润滑剂的胶管轻轻插入爱犬肛门 4～5 厘米，将药液灌入，边灌边按摩腹部硬块。完毕拔出胶管，让其尾巴夹起 3 分钟。

③爱犬如果患有肛门脓肿、肛门炎症，就会惧怕排便，推迟排便时间，大便坚硬，形成恶性循环，应首先治疗肛门疾病；对于顽固性便秘，上述治疗方法无效的要进行外科手术，取出腹腔内的粪便。

预防措施：

①改变爱犬的日粮配方，多给予蔬菜和用玉米、薯类做的主食，增加粗纤维的含量；喂给牛奶时可放些糖，因为糖有软化大便的作用。

②更重要的一点，排便与条件反射有关，有规律的排便习惯可以避免便秘。

(5)感冒和咳嗽

冬季如果长期睡在冰冷潮湿的地上，就很容易引起感冒。

爱犬感冒时无精打采，怕冷流鼻涕，鼻腔发痒，常用前爪搔抓鼻子，皮肤冷热不均。治疗轻微感冒不用去医院，家中若有板蓝根冲剂就可给它服下，或者喂给感冒清等药物。

咳嗽是机体的一种保护性呼吸反射动作，引起咳嗽的原因很多，不一定都是患病；对于宠物狗来说，由于异物、刺激性气体刺激呼吸道黏膜而引起的咳嗽是一种有益的动作。

急性咽喉炎、支气管炎的初期表现为干咳无痰，慢性支气管炎、肺结核等表现为长期干咳，可用镇咳药缓解，同时给予消炎药物。

预防措施：

①冬季要加强营养，充分喂给瘦肉、鸡蛋、牛奶等高营养食物，保持体力。

②坚持户外运动，增强对疾病的抵抗力。

③幼犬要及时免疫接种。

（6）肺炎

肺炎是宠物狗呼吸系统的常见病，表现为呼吸障碍、食欲减退、体温升高、咳嗽、流脓样鼻涕、眼结膜潮红。本病多由于病毒感染如犬瘟、腺病毒，然后继发细菌感染。

治疗时，可用青霉素、安苄青霉素、头孢菌素等消炎药物，最好去宠物医院以药敏试验为依据，如果是绿脓杆菌感染引起的肺炎，妥布霉素是首选药物；止咳可口服氯化铵、复方甘草合剂等去痰止咳药物。

让爱犬生活在温暖干燥的环境中，有利于它的康复。

（7）糖尿病

糖尿病属于碳水化合物、脂肪和蛋白质代谢功能障碍的综合症，随着宠物狗肥胖症的增加，患糖尿病的概率也会增加。

患糖尿病的宠物狗将会终生用药，而且糖尿病通常会伴发其他疾病，所以，主人要格外注意爱犬是否患有糖尿病。糖尿病的症状：

①血糖超过 10～12 毫摩/升，肾脏不能将所有的血糖吸收到血液循环中，结果导致糖尿，糖尿又使膀胱发生

感染。

②患病宠物狗饮水多，小便频繁，尿量大。

③食量增加，但身体消瘦；精神萎靡不振，脱水，能量不足。

④电解质平衡障碍，患病宠物狗多尿和酸中毒导致钠钾离子随尿液流失。

治疗方法：

①正确给予胰岛素进行治疗。

②适当的食物调节和日常活动的调整。

主人必须做好在时间和经济上的长期投入准备，最初需要稳定治疗 2～3 个月，之后调整治疗方案，这可能要伴随爱犬的余生。

4. 常见外科病

宠物狗在活动中突然受伤的情况很多，及时抢救很重要，尤其对于呼吸停止、昏迷、大出血、骨折等情况，主人应迅速作紧急处理，否则将危及爱犬的生命。

(1)外伤的急救

所谓急救，往往时间更重要，在某些情况下，即使把受了伤的爱犬送往医院，医生也不见得做得比你更多，无论如何，学会一点急救知识总是有用的。

①检查有无呼吸。先看胸部或上腹部有无起伏，或是用手感觉口鼻部有无气流；打开气道，将它口鼻内的污泥、

痰、呕吐物等清除干净，以利于呼吸畅通。

②检查有无脉搏、心跳。触摸颈动脉5～10秒钟，判断有无心跳，但不可双手用力按压颈动脉，以防阻断脑部供血；若没有脉搏，可实施胸部挤压术，恢复心脏跳动，挤压速度为60～80次/分钟。

③如果爱犬受到严重外伤，作为主人一定要冷静，先查看出血情况：如果是静脉出血，流血速度慢，应尽快对局部伤口剪毛消毒，涂上云南白药即可止血；如果是毛细血管流血，呈水珠状渗出，颜色鲜红，能自行凝固；如果是动脉出血，则速度快，应先用压迫、结扎等方法止血，情况允许时，将伤处举高有助于止血。

④假如爱犬由于出血而昏迷，这时你可以用手指按压它的牙床，牙床迅速恢复红色，说明它失血并不严重；如果情况相反，很可能是严重的内脏大出血。

⑤如果四肢骨折了，骨头的断端以下会松松塌塌地拖着走。此时先简单的用木棍、树枝固定一下，并且紧贴皮肤垫上棉花、毛巾等，尽量减少骨折部位的移动；要是脱臼，它的脚不敢着地，会跳着走路；如果是脊椎骨折，就应该找个担架抬到宠物医院。

此时如果爱犬痛得想咬人，就找个带子把它的嘴缠住。到了医院后，首先对它的骨折处整骨复位，消炎消肿用抗生素，适当补充维生素D3和钙、磷，促进骨痂的形成。

⑥当爱犬与别的狗打架被咬伤时，一般没有明显的痕迹，却会给皮下软组织造成较严重的伤害。可仔细检查它的皮毛，如果在其皮肤上发现小洞，就是咬伤所致。

处理咬伤的方法：先将伤口附近的毛发剪掉，用温开水冲洗伤口，然后用碘酒涂搽，也可涂一些抗生素软膏。如果伤口较小，可以不用包扎。

(2)中暑的急救

夏天带着爱犬外出要防止中暑，因为狗比人更怕热。那些被毛过厚，身体肥胖的宠物狗很容易中暑；绝不要将你的爱犬单独关在停放的车里，因为在太阳下，车内几分钟就会变成烤箱。即使在阴凉下，也要打开车窗，保证车内有足够的新鲜空气。

当你发现它气喘吁吁，或兴奋不安时，就是要中暑。可让它多喝水，或者把毛巾用冷水浸湿披在它的身上；用酒精擦拭头部、腋下或胯下，然后让它安静地休息一下。

(3)吞食异物的急救

如果你发现爱犬伸直脖子呕吐，并且不断地用前爪去抓挠嘴和脖子时，可能是因吞食异物而卡住了喉咙。这时，要设法张开它的嘴，用手电照着寻找喉咙里的东西，如果用手挖不出来，就抓住它的两条后腿往上提，头朝下拉出舌头，拍背催吐。

若是吞了针、尖骨之类的东西，就在一杯水中放入氯化钠溶解，给它灌下去，诱使它吐出异物，或带它到兽医处注射盐酸阿朴吗啡，注意剂量不可过大，否则爱犬会呕吐不止或抑制其神经系统。

如果是吞入了有害的化学物质如杀虫剂、鼠药或吃了

被细菌污染的食物，就会出现突发性呕吐，没有食欲、发热或全身颤抖，这时要立刻强迫它喝水并用手压住它的舌根，使其呕吐。

(4)中毒的急救

①磷化锌类鼠药是一种常见灭鼠药，有剧毒，食入后与水、胃酸结合，释放出磷化氢气，引起严重胃肠炎，呕吐、昏迷嗜睡、呼吸快而深，呕吐物在暗处可发出磷光。

目前还没有特效解毒药，可采取的措施就是排毒，灌服0、2%～0、5%硫酸铜溶液10～30毫升，或者将肥皂水灌入，诱发呕吐。

②安妥类鼠药是一种强力灭鼠药，可引起肺部毛细血管通透性增大，血浆进入肺组织，导致肺水肿。中毒后几分钟或数小时内，就会口吐白沫、腹泻、呼吸困难，心跳加快、痉挛，如果能熬过12～24小时，就有望恢复。中毒初期及时给予催吐药物，缓解肺水肿可静脉滴注10%葡萄糖酸钙。

当毒素进入血液时，应大量饮水和输液，同时使用利尿剂，通过尿液排除毒素，可缓解病情恶化。

③变质的鱼肉会被变形杆菌污染，产生组织胺，组织胺中毒潜伏期2小时。爱犬会突然出现呕吐、下痢、鼻涕多、四肢无力、体温下降等症状，严重者昏迷、血尿、粪便黑色。治疗方法：立即注射抗菌素、葡萄糖、维生素C。

预防食物中毒的最好办法是将新鲜食物煮熟喂给，夏季不喂给剩饭剩菜，并且训练爱犬不乱吃东西。

5. 常见寄生虫病

搞好环境和食物卫生是预防寄生虫病的关键。

(1)犬蛔虫病

蛔虫是幼犬的常见疾病,它可能生来就有蛔虫,或者哺乳时被感染,也有可能被污染的环境所感染;蛔虫病对1～2个月的幼犬危害很大,不但影响生长发育,严重的会引起死亡。

观察爱犬的粪便里出现细长型蠕虫,那就是蛔虫,表现为呕吐、腹泻、消瘦,有的甚至吐虫子、小肠套叠,蛔虫多时可引起肠梗阻。虫体释放的毒素可引起患病狗兴奋、痉挛和运动麻痹等神经症状,有的还会出现肺炎症状,表现为咳嗽、低热、食欲不振。

治疗方法:

口服左旋咪唑10毫克/千克体重,或丙硫咪唑10～15毫克/千克体重,肠虫清片,2公斤以下幼犬口服1片,2公斤以上2片。还有肌肉注射阿维菌素10毫克/千克体重,间隔5～7天,2次即可痊愈。

注意事项:

①犬蛔虫病感染率很高,还会传染给人,所以人与宠物狗接触后一定要洗手。

②给幼犬定期驱虫是预防本病的关键。

(2)疥螨病

疥虫和螨虫引起的宠物狗皮肤病,开始是在头部、腹下、四肢内侧、尾根等处,逐渐向全身蔓延。发病后皮肤巨痒并伴有丘疹、水泡,皮肤变厚变硬,开始龟裂,爱犬寝食不安,抓咬患处。

疥螨病不是致命的疾病,没有必要到宠物医院治疗,但可以去确诊一下,因为肉眼不太容易发现这种寄生虫,只有在显微镜下才能观察到。

治疗疥螨病首先剪掉患处被毛,用肥皂水对患部进行清洗,去除污垢和结痂,然后购买针剂和药物治疗。如果在发病初期就给它注射绿伊菌素,通常一两针就见效了;如果螨虫已经很厉害了,就要做好长期治疗的准备。

注意事项:

①有的养狗人在爱犬患上皮肤病后,就用消毒液给它洗澡,误以为消毒液浓度越高越好,这样却害了它。消毒液太浓反而会引起皮炎、湿疹、脱毛等症状,甚至导致爱犬中毒。

②注意爱犬的日常卫生,不要让它接触患病的同类,尽量少带它到不干净的草地上活动,尤其是春季传染病的高发季节。

③螨虫的感染和机体的免疫力有一定的关系,所以喂给它高蛋白食物,增强体质是病愈的基础。

(3)耳螨病

耳螨虫生活在宠物狗的外耳道,靠刺破皮肤吸吮渗出

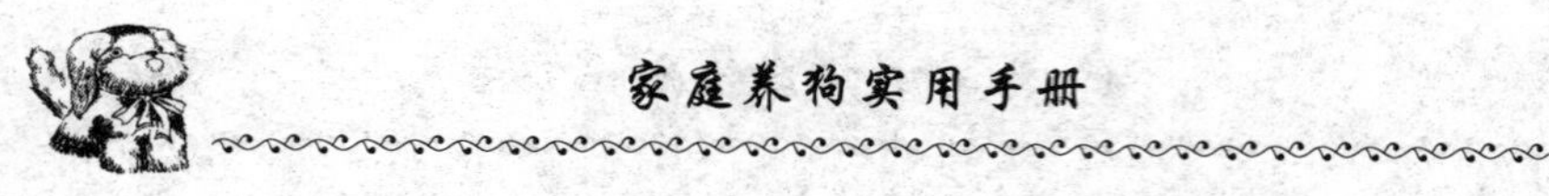

液为生，会引起耳部搔痒等一系列症状。表现为耳道内渗出褐色液体，有鳞屑脱落，继发细菌感染后，病变深入到内耳、中耳和脑膜；患病狗常摇头，抓伤外耳道，渗出液结痂。

治疗方法是涂搽灭螨药物，由于多数杀螨药物只是杀灭虫体，不能消灭虫卵，所以根据螨虫的生长规律，间隔5～7天应再涂搽一次；如果病情比较严重，并伴有伤口破损感染，就应该注射依唯菌素治疗，隔3天注射一次。

引发中耳炎时，要用抗生素治疗。

(4)弓形虫病

弓形虫病的罪魁祸首是野生动物和猫，爱犬吃了被虫卵污染的食物后出现厌食、腹泄、粪便带血等症状，有的出现虹膜炎，甚至失明；此病从症状上看很容易和犬瘟病及犬传染性肝炎相混淆，必须根据病原体和血清中的抗体检测，才能确诊。

①急性型多发于幼犬，发热持续3～4天，厌食、眼鼻有分泌物、腹泻、粪便带血等；怀孕母犬感染此病，会发生流产或早产，所产仔犬出现排稀便，呼吸困难。

②慢性型发病后10～14天，由于弓形虫剧烈增殖期已过，患病狗机体内产生抗体，体温恢复，食欲逐渐正常，但是幼犬生长发育缓慢，体质瘦弱。由于脑、眼睛和肌肉内抗体少，不足以杀灭虫体，导致患病狗癫痫样痉挛、视力障碍和运动障碍等不同症状。

成年狗患此病一般无症状，如果重复感染或并发其它疾病，也可转为急性型，呈现明显症状或有致死的可能。

治疗本病主要用磺胺类药物，但要在发病初期使用，晚期使用虽然能使症状消失，但会使它称为带虫者。服用剂量 70 毫克/千克体重，每天 2 次，连服 2～3 天。由于磺胺类药物溶解度较低，内服时应配以等量的碳酸氢钠，并给以充足饮水。

预防本病的关键是不给它喂食生鸡蛋和未经煮沸的牛奶，特别防止猫的粪便污染环境。

6. 常见传染病

有些宠物狗身体带有细菌却不发病，往往被人们忽视，却会造成大范围传染。

(1)犬瘟热

俗称犬瘟，是一种传染性极强的病毒性传染病，主要危害的是幼犬，直接接触传染，也可以通过空气中的飞沫传播到呼吸道，或经过食物饮水传染到消化道。以冬春季多发，治愈的机会很小，死亡率为 70%，病愈后可获得终身免疫力。

犬瘟病毒潜伏期为 3～7 天，未满一岁的幼犬感染此病后症状明显，初期表现为体温升高到 40℃，眼睛和鼻子里有水样分泌物流出，尿赤黄，持续一二天后体温突然恢复正常。三天后症状又一次表现出来，大腿内侧无毛处和腹部出现丘疹，脚趾肉垫角化，咳嗽和呕吐，有肺炎症状，容易被误诊为感冒或肺炎。

犬瘟病后期出现严重腹泻，往往会继发肠套叠，病毒进入神经系统，小狗会不由自主地嚎叫，四肢抽搐和昏迷。

预防此病发生的最好措施就是按规定进行疫苗接种，在仔犬出生后45～60天内注射犬瘟疫苗；用免疫血清配合抗菌药物对早期发病的幼犬有一定疗效。病情恶化，出现神经性抽搐症状时，对它实行安乐死是比较明智的。

对被犬瘟病毒污染的环境要用3％福尔马林或百毒杀等严格消毒，器具可煮沸消毒。

(2)细小病毒病

犬细小病毒病也叫传染性胃肠炎，是一种急性烈性传染病，以出血性肠炎和非化脓性心肌炎为主要特征。病毒对外界抵抗力强，低温0℃以下可保存很长时间，在火碱、漂白粉等溶液内一个月后才能被杀死。

刚断奶不久的幼犬容易发病，肠炎型症状是剧烈呕吐、腹泻，粪便像番茄一样混有血液，发病几小时后即出现脱水、昏迷等十分凶险的情况，如果不及时治疗，很快就会严重脱水而死亡；心肌炎型病症常发生于3～7周的幼犬，症状是突然发病，呼吸困难，眼角膜苍白，迅速衰弱，听诊心内有杂音，死亡率60％～80％。

治疗方法：

肠炎型细小病毒病如果能及时合理的治疗，可降低死亡率，在发病早期使用高免血清，用量为0.5～1毫升/千克体重，配合抗菌素静脉滴注连用3～5天；由于腹泻脱水，所以还要补液，静脉滴注25％葡萄糖，止吐用胃复安，止泻用

泻立停。注意,不宜将多种药物混合在一瓶输液中静脉滴注;心肌炎型病程短,一般来不及治疗即死亡。

预防本病除了按时进行弱毒疫苗的预防注射外,就是注意爱犬的饮食卫生,不要让它饮用污水和乱拣东西吃;被病毒污染的环境可用福尔马林或3%的次氯酸钠溶液消毒。

(3)狂犬病

狂犬病,是由狂犬病毒引起的人狗共患传染病。宠物狗是主要传染源,其他动物有猫、猪,野生动物有狼、狐、蝙蝠等也能传染本病,食用感染了狂犬病病毒动物的肉,也可以引起狂犬病。

本病可通过五种途径传播,即唾液、奶汁、眼泪、胎盘、尿液,很少的情况下也可通过呼吸道传染。

临床上狂犬病可分为狂暴型和麻痹性两种,狂暴型患病狗表现为狂躁不安,食欲反常,唾液增多,好吃泥土和石头,怕光喜欢在暗处,攻击人和其它动物,下颌下垂,后腿软弱。吠叫声变得嘶哑,不听主人呼唤,到处乱跑,大多不回家。

后期症状:见水表情惶恐,行走困难,见人就咬;麻痹型狂犬病出现全身肌肉麻痹,卧地不起,舌脱出,流口水,最后因呼吸麻痹而死亡,整个病程持续6~8天。

人得狂犬病后,从感染到症状出现,通常为4~8周,潜伏期最长的18年。发病时有低热、头痛,紧接着恐惧不安或兴奋,对痛、声、光和风敏感。被狗咬伤已经愈合的伤口出现麻木、痛、痒的感觉。大约经过数小时至2天,病人出

现极度恐惧，口角流出很多唾液，感觉过敏，微风吹一下就能引起咽喉部痉挛和呼吸困难，甚至全身阵发性痉挛。病人不能喝水，如勉强喝水就会发生咽部和喉头痉挛，严重者甚至看到水、听到水声就会发生同样现象。大约经过1～3天，病人变得安静，抽搐停止而全身麻痹，肌肉松弛，下颌下坠，反射消失，心力和呼吸衰竭而死亡。

狂犬病一旦发病几乎无一例外都会死亡，被咬伤的人和动物也只能做紧急预防接种。预防此病的关键是要给宠物狗进行疫苗注射，如果在狂犬病高发区生活或工作，人也要注射狂犬病疫苗。

万一被患病狗咬伤，如果立即采取措施救治，只有1%～2%发病的可能。处理伤口的方法是立即将被咬伤部位的血挤出，再用肥皂水充分冲洗伤口，然后用碘酒或酒精涂搽。然后去医院在伤口周围注射狂犬病免疫血清，没有血清要紧急注射疫苗。

(4)布氏杆菌病

布氏杆菌病是由布氏杆菌引起的传染病，主要侵害生殖系统，病原体对寒冷和干燥的抵抗力较强，高温100℃可立即将其杀死，化学消毒药水"来苏尔"和福尔马林在15分钟内可将病毒杀死。

潜伏期2周到半年时间，妊娠母犬感染此病40～50天即流产，流产后的母犬有慢性子宫内膜炎的症状，屡配不孕；公狗表现为睾丸炎，有的出现跛行、关节疼痛等症状。

病菌能通过呼吸道、消化道和皮肤传染给人，病人表现

出多汗、头痛失眠、恶心呕吐、淋巴结肿大、睾丸炎和流产。有的病人反复发作,数年不愈。

本病尚无特效疗法,可采用磺胺类药物综合治疗(青霉素对此病无效),同时加强营养,补充维生素C、维生素B1和矿物质;对流产后阴道持续流出分泌物的母犬,每天用0.1%的高锰酸钾溶液冲洗阴道。

预防措施:

①对用来配种的宠物狗要定期进行血清检查。

②给母犬接生时要注意防护,带上手套等;被流产污染的环境要彻底消毒。

(5)破伤风

破伤风又称强直症或锁口风,是由于破伤风梭菌侵入伤口,在伤口分泌毒素,造成功能紊乱的疾病。此病菌在高温100℃时可存活1小时,10%碘酊和10%漂白粉10分钟可将其杀死。

潜伏期5~10天,长的可达几周,伤口离头部越近,发病越快。病犬的症状是局部肌肉强直性收缩,两耳直立,眼睛向上翻,口角吊起来,脊柱僵直象木头一样呆立,怕声音和光亮,但神志却很清醒,体温不高。

注射破伤风抗毒素疗效不错,出现酸中毒时,可用5%碳酸氢钠进行静脉注射;病犬的康复期可能很长,有的4~6周后仍可观察到运动不灵活,大多数治疗后仍然进食困难,造成营养不良而衰竭死亡。

预防破伤风的措施是及时处理外伤,对于较深的伤口

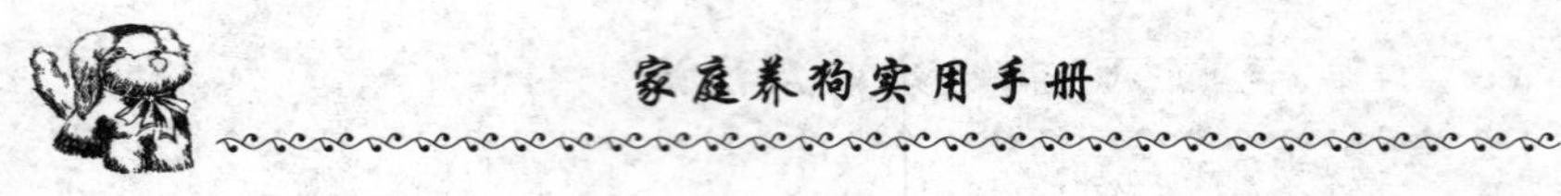

要用3%过氧化氢溶液或2%高锰酸钾溶液彻底冲洗，然后洒上抗菌药物；肌肉注射破伤风血清每次3～5万单位，每天1次，连用3天；抗菌消炎用青霉素，每天2～3次，连续注射1周；做手术时要严格遵循无菌操作原则。

(6)皮肤病

宠物狗的皮肤病在临床上占有很大比例，凡是引起皮肤搔痒、脱毛、结痂和皮肤增厚等症状的疾病都是皮肤病。皮肤病的治愈率低，易复发，尽管不能在短时间内造成爱犬死亡，但患处感染化脓，造成身体抵抗力降低，容易继发细菌和病毒感染。

皮肤病可以分为五大类：单纯性皮炎、湿疹性皮炎、寄生虫引起的皮炎、自身免疫性皮肤病（如红斑狼疮等）和激素失调性皮炎（如甲状腺机能低下、脑垂体机能减退、肾上腺皮质机能亢进等）。

①单纯性皮炎大多是由于项圈的磨擦和皮肤瘙痒时抓伤引起；香波浴液等化学药品的刺激，都可引起皮炎。

单纯性皮炎的特点是局部皮肤出现条状或片状红斑、丘疹，很快向周围扩散，形成水疱，痛痒的感觉使爱犬不断啃咬皮肤。

治疗措施：症状较轻时可用渔石脂水杨酸油膏涂搽患部；对于化学药品引起的皮炎，可用3%龙胆紫溶液、磺胺软膏局部涂搽。

适当进行日光浴，可以防止此病的发生。

②湿疹性皮炎多发于闷热潮湿的夏季，爱犬表现为颈

部、背部、腹部、尾根部以及脚趾出现红斑、丘疹、水泡、糜烂等皮肤损伤。

可分为急性湿疹性皮炎和慢性湿疹性皮炎，急性表现为焦躁不安，被毛粗乱，不停地搔抓患部，从而加重感染，在皮肤表面形成很多小水泡，有的呈糜烂状态；随着病情的发展，急性湿疹可转为慢性皮炎，特点是皮肤增厚，有苔藓样皮屑覆盖，患部奇痒，会因败血症而死亡。

治疗方法：

局部剪毛清洗，去除痂皮，涂搽抗生素油膏或2%明矾溶液，用绷带包扎，为了防止爱犬啃咬患部，可给它带上伊丽莎白领或给予镇静剂。